曾志朗作品集

遠流出版公司

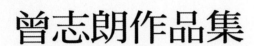

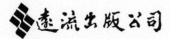

國家圖書館出版品預行編目（CIP）資料

我與科學共舞／曾志朗著 . -- 初版 . --
臺北市：遠流 , 2012.10
面；　公分 . --（曾志朗作品集；4）
ISBN 978-957-32-7056-0（平裝）

1. 科學 2. 通俗作品

307　　101017673

曾志朗作品集 4

我與科學共舞

作者——曾志朗
執行編輯——許碧純・廖怡茜・林淑慎
發行人——王榮文
出版發行——遠流出版事業股份有限公司
100臺北市南昌路二段81號6樓
郵撥／0189456-1
電話／2392-6899　　傳真／2392-6658
法律顧問——董安丹律師
著作權顧問——蕭雄淋律師
□2012年10月1日　初版一刷
行政院新聞局局版臺業字第1295號
售價新台幣280元（缺頁或破損的書，請寄回更換）

ISBN 978-957-32-7056-0

YLib 遠流博識網
http://www.ylib.com　E-mail: ylib@ylib.com

曾志朗

我與科學共舞

Ovid Dances with Science

目錄

Part 5

開心思之竅

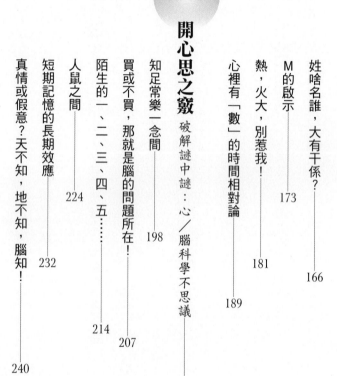

自序

未來科學的挑戰：希望、威脅和心靈的自由

到達倫敦機場是九月一日下午七點十分，雖然已到了黃昏時刻，又是入秋的季節，但機場外，陽光仍然高照（北半球的高緯度），路面熱氣騰騰，完全不符合我對歐洲地區秋高氣爽的期待。汗滴下臉頰的時候，我坐上了一部出租車，車子裡沒有冷氣，司機不疾不徐的說：「節能減碳！同心協力，大家一起來幫忙對抗全球暖化（Help us to help fighting the global warming）！」看他一臉嚴肅的樣子，不像是開玩笑，我正要請他打開冷氣，這會兒不得不把話吞下去，摸摸鼻子開了窗。吹進來的氣流雖然熱熱的，但總是風，應該可以吹乾我滿頭滿臉的汗珠吧！其實我滿感動，這個國家的人民，真的把永續發展的理念落實在

生活中。

一個小時後，車子來到白金漢郡（Buckinghamshire）郊外的一座大莊園。莊園坐落在樹林和廣大的麥田中間，兩、三座古老的紅磚建築物圍繞著清澈的小湖邊。再望過去，一大片的綠色草地上，有好幾個整修得乾淨俐落、生機蓬勃的花園，紅、黃、白相間的花朵傳來陣陣的花香，真是令人陶醉。我下車走到一棟飄著英國國旗的五層樓高的建築前，拾級而上，大門忽然開了，兩位年輕的小姐走出來，對著我說：「曾教授，歡迎你來到皇家學院的卡孚力國際中心（Kavli Royal Society International Centre）！」

我放了行李，換上輕便的服裝，就下樓去吃晚餐，和其他學者互相認識，寒暄一陣之後，非正式的聊起對這次會議的一些看法。他們都是各個領域中的資深學者，都在自己的研究上有非凡的成就，但都非常關心這次會議的主題：「在數位時代的未來科學：尋找新的科研指標」，因為大家都有共識，即數位時代的科學研究，在數據處理的方法上，在樣本的數量上，和網上審核的機制上，以及電子出版的形式上，都會有巨大的變化。這些變化當然會影響數據收集與分析的精細度和準確度，但更重要的是，它們會擴大數位落差所引起的知識落差和生命落差。

這些在晚餐中引發的對話與討論，即使到了回房休息時仍盤踞我腦海，我也不斷在思考大會指派給我的報告主題。當天晚上睡不著，索性就起床把原先準備好的演講大綱，整合這些餐桌上的閒聊，整理出一套較深入的論述，變成我這次會議要發表的論文的主要內容了，標題就定為「數位時代的知識落差：希望、威脅和心靈的自由」。

什麼是知識落差呢?在知識經濟的現代社會裡，知識落差指的是有能力去搜尋、管理以及處理資訊與知識的人，和沒有能力（或機會）去做這些事的人所產生的生活條件的差異。由於科技專業知識在現代的社會系統中，越來越佔主導的地位，能有效提升和擴散這些知識的社會，就有改善人民生活的機會；無法提供有效科技教育的社會，就會被邊緣化。因此，在數位時代，為貧窮國家的兒童建立參與創造科學知識的能量（capacity building），是科學的普世原則中最主要的精神！

其實，為貧窮地區的兒童和成人建立數位操作的能量，意義不僅僅是在提高知識增進的機會，更重要的是透過網路上的社群聯結，極權國家的人民也能有機會去體會全球性的心靈活動，也比較有可能去突破強權壓制的恐懼，也學會在朵朵雲中享受呼吸自由空氣的樂趣。當心靈的解放，促發了爭取自由的行動，則其結果就是阿拉伯之春的震撼。數位的潛力，不但讓知識成長，更帶來心靈自由的希望！

但是希望在網路，隨之而至的威脅也同樣來自網路的易受摧殘性上。極權政府很容易以「破網」、「拔網」讓人民再次退回黑暗時代，而助紂為虐的邪惡企業體更是明目張膽販賣監控軟體，幫忙極權政府以更嚴厲的手段去對付爭取在網路上自由航行權利的網友！

新的時代有新的科技，而新的科技確能帶來新的希望，但隨之而來的威脅，則變成新的挑戰。網路有破洞，當然要想辦法「補破網」，但它的解決辦法，絕對不是傳統的技術，而是要靠全球網路使用者的集體智慧，以游擊戰的方式到處「翻牆」，才能隨破隨補，讓極權國家的人民得以在網上呼吸自由的空氣！

以上是我在英國皇家學院所舉辦的會議中的演講內容，一共用了四十張投影片去說明我的觀點。演講後的回應很好，有位學者的評語是「thought-provoking（發人省思）」，另一位則很讚美的說「soul-searching（直探靈魂）」。我很高興有這些稱揚之詞，但我真正想表達的是，人類的文明進展，顯現在使用工具的改變上。發明、創制工具，以解決生活困境的歷程，塑造了人類異於禽獸的心智能力，突破生物界的自然限制，延長生命的長度。這種心智能力產生了科學的思維，更導致科技的進展。這是一種很特殊的智慧，能擁有和應用它，才能活得健康，活得豐富，才會有增進永續生命的可能。所以讓所有的人，從生活的各個面向中，體驗和養成科學思維的方法和態度，是必要的。

科學是讓人類走出黑暗的一條明徑，也許是唯一的途徑。

這是我持續寫科普文章的主要原因。

曾志朗

二〇二二年九月十一日於倫敦

Part 1

添想像之翼

科學的疆界，只在你的想像力

未知死，焉知生？

看似簡單卻有趣的統計，指出了以機械磨損論人類死亡的事實，但機件用久了本來就會壞掉，而很多老當益壯的例子又該如何解釋呢？

我在朋友父親的告別式中，打死了兩隻蚊子。

問候友人，走出禮堂，哀思之餘，低頭見，掌中的血痕依稀，彷彿蚊子的死亡印記。生死瞬間，忽然想到一隻普通的蚊子在實驗室中養大，由生至死的平均生命期大約是三個月左右，但在野外的蚊子平均生命期大概就只有一個月（我隔壁辦公室的陳正成教授正好是研究蚊子的專家，我怕蚊子，經常找他滅蚊），而這兩隻蚊子意外死亡是由外在人禍所造成的災難，牠們的壽命與科學家計算的平均生命期應該分開來看，這是為什麼生物學家在計算生物生命期時，只能考慮自然死亡，才能正確推測生命體的死亡原因。能了解生命體真正死亡的原因，才有機會去探討延長壽命的可能性，「未知死，焉知生」確實是有道理的！

也許是喪禮以及緬懷故人的悲情仍籠罩著我的心思，那天下午我靜靜地在電腦螢幕前，打開搜尋引擎，徘徊在網路上各個和死亡討論有關的小站，想要知道人類死亡的型態是怎麼一回事？我查到考古人類學家利用出土的人類骨頭以及他們牙齒磨損的程度，推斷出智人（*Homo sapiens*）的平均壽命大概是二十五歲，雖然這個估算是基於有限的數據及概括式的推測，但從各式各類的證據上，這個二十五歲的限制一直沒有被打破。自從人類有了文字的記載，和墓碑上較清楚的記錄，科學家才可以較準確的推估人類平均壽命大概是在一千年前發生了大躍進，而且持續向上提升到現代仍是進行式。

但因外界環境的安全與衛生條件不一，而造成不同社會之間的壽命落差。根據美國社會安全局的統計預測，到了二〇五〇年，美國男人的平均壽命將是七十七歲而女人則為八十三歲，台灣、日本的統計預測都差不多，但聯合國的統計則指出在一百三十六個會員國中，有二十七個國家的人民平均壽命仍低於五十歲。也由於這些落差的型態，使科學家得以建構死亡的理論。

當我們把這千年來的統計數字做了系統整理之後，一個令人意想不到的結果浮現出來：一千年前，要能活到老，靠的是嬰兒的存活率，也就是說只要活過嬰兒期，則長大至老一點的人的機率就有保證了；到了一百年前，只要活過五歲，則過六十歲的生日就可以被期待了。近幾十年情況又變了，在發展中國家（尤其是非洲），公共衛生的提升及較佳的傳染病控制，使嬰兒、兒童的死亡率降低，但戰爭及ＨＩＶ疫情的擴散，又奪去了許多兒童的生命，以至於平均壽命延長不了；已發展國家則不然，出生率降低，使嬰兒及兒童受到更多的保護，存活率就較高，超過六、七十歲的人的比例也增加了，而強健的兒童期提升了進入青壯年期的機率，老人本身的生命力也增強了，表示老人不再是兒童、青壯年的「殘存」而已，而是真的「活」得更有生命力！

其實，這些看似簡單卻非常有趣的統計，指出一個意義深遠的事實，即人類的活力由盛而衰而老而亡的過程，和汽車的驅動力由新車啟動期到全盛期到磨損到報廢，有非常相似的死亡率曲線，依使用年齡而呈現出由水平到逐漸以幾何級數升高然後到了高齡又稍下降的趨勢，這說明人類活力和汽車驅動力的老化衰竭過程，頗有異曲同工之妙。

這裡就出現了一個相當有趣的類比情況。例如人們出生地不同，會有不同程度的夭折率，所以在台灣看到七十五歲的老人機率比在新幾內亞高得多了，但是假如一個台灣人和一個新幾內亞人都活到七十五歲，那麼這兩個人可以活到九十歲的機率就沒有什麼差別。汽車也是一樣，不同廠牌的新車折損率有的高有的低，但如果兩部不同廠牌的車都已經開過五年而不壞，則這兩部車可以一直開到十年之後的機率也幾乎是相等的。看來笛卡兒的二元論中，把人體的肌能動作比擬為機械運作的看法，實在是太有道理了，也真有實徵的統計證據可以支持。

但以機械磨損論死亡，只說明了部份的規律，即機件用久了就會壞掉，但很多老當益壯的例子又要如何解釋呢？當然，車子的機件壞了，或部件與部件之間的聯繫出了問題，造成運作系統的失敗，都可找一位技術良好的修車技師來修護，延長使用的時間；人體也是一樣，某器官出了問題或某一系統有了毛病，也可以找良醫來拯救。但人體最妙的地方就是有自我監控及治療的機制，會利用冗餘設置（redundant device）或重組方式（reorganization）去維護整個系統的正常運作。近來的研究發現，人體的基因組就有超過一百個以上的基因負責偵測及修補ＤＮＡ的損傷。但修補的功能也是有限的，修補需要的原料本身也會隨年紀而逐漸減少，所以靠維修當然可以延長壽命，但該走的時候到了，就必須要走。死亡，仍是目前的最後選項。

除了機件磨損、折舊、修護之外，影響壽命的非機械因素還有生物的生殖系統及其運作方式。生物演化的結果，使生物體在生殖期的前幾年，選擇性的壓制了發生急病的基因，以利於順利完成生殖的歷程，達到基因傳承的目的；但生殖期一過，壓制也就取消了，生病的機率也增加了，這就是為什麼人類總是在四、五十歲之後就開始憂慮可能罹患心臟病或癌症！有一個果蠅的實驗發現，延遲交配的果蠅都活得比較久，支持了上述演化論的觀點。早期的法國宮廷裡，常有為了保持兒童嗓音而去勢的男性歌唱家，根據研究統計，他們的平均壽命確實比一般人長；還有，中國歷史上長命百歲的太監比比皆是，間接也支持了上述的看法。

那我們可能會長生不死嗎？看來是不樂觀。但一千年來，才五十個世代，人類的平均壽命由二十五歲提升到將近九十歲，而那位見過梵谷的大壽星珍妮卡爾蒙（Jeanne Calment）女士，在一九九七年過世時是一百二十二歲，是目前紀錄中全世界最長壽的女性。再過五十個世代，「人生三百才開始」的期待，不知會不會實現？

對死亡，科學研究已見端倪，但有許許多多的未知仍待解密。不過，有一件事我是知道的，那就是那兩隻在我亂掌下送命的蚊子是不可能會像我一樣被「死亡」的問題煩得要死！我一個下午被死亡的問題困住，隔壁陳正成教授笑嘻嘻的說，這叫「自作虐，不可活！」

似曾相識

科學家已經漸漸能打開déjà vu之謎了。關鍵在於對事物的熟悉度和事物本身的記憶是可以被分離的，而我們的腦就必須編一套故事去解釋為什麼對好像沒經歷過的事物會那麼熟悉。

最近學生送給我一片DVD，英文片名叫Déjà Vu，講的是類似在時間機器中扭轉時空的科幻故事，中文片名點出了時空，卻和一般的了解不一樣，使我想起了個人發生déjà vu的一段經歷。

十年前我到芝加哥開會，也是四月底的時候，正是我「花粉熱」的過敏症表現得最「淋漓盡致」的時節，打噴嚏、流鼻水、頻頻咳嗽、眼睛發癢，我知道春天到了。芝加哥大學裡的樹剛從嚴冬甦醒過來，葉盛枝茂，萬花齊放，而我邊擤著鼻子，邊從校方為我安排的賓館疾步走向心理系，準備做一場有關左、右腦功能的演講，記得那時候我給的題目是「一頭兩制的沉思：北京人的左右煩『腦』！」。我已不太記得當時演講的情況，因為要強忍鼻塞咳嗽，又要面對眼前一大群我心儀已久的知名大學者，只能全心全力把我實驗室的研究成果做了詳盡的報告。

放完最後一張幻燈片，做了最後結論，引來一次令我好開心的滿堂彩。系主任麥尼爾（David McNeil）卻忽然站起來，問道：「那你認為三十萬年前的北京人，是右利者還是左拐子（right handedness or left sinister）呢？」我愣了一下，在腦裡快速轉了一圈，就回答他：「應該是右手吧！因為從甲骨文的『武』字（止、戈）看起來，武器是放在畫者的右邊的！」雖然我藉此把漢字組成做了一番機會教育和推廣，但這個問題卻一直左右著我這十年來研究選題的走向！

演講結束後，系上幾位老師、研究生、博士後研究員說要帶我去品嚐一頓具有古老文明的豐盛晚餐，而且還能一面聆聽「希臘左巴」的民謠和觀賞非常富有風土韻味的群舞，幾部車浩浩蕩蕩開到了芝加哥有名的希臘區。

我們走進一家頗有名氣，標榜最道地的希臘菜餚（包括全部由希臘空運過來的羊排）香料餐廳，順著樓梯走向地下室，兩旁光滑的木製扶手指出這裡一定是老饕絡繹不絕的地方，菸味、酒味迎面飄了上來，遠處是舞榭歌臺，穿著希臘服裝的表演者載歌載舞，右邊是一路延伸而去的吧檯，天花板上倒掛著大大小小擦得晶亮的玻璃酒杯，吧檯兩邊擺放著大型木製酒桶，上面寫了好多希臘字母，我問一旁的研究生，他告訴我那是「家鄉的味道在這裡」，原來是特製的希臘啤酒。一排排的餐桌上都放著一串橄欖枝，還有一大盤黑白相間的醃製橄欖，和一罐罐不同樣子的佐料！

好眼熟的景色！好熟悉的來來往往手端著盤子的侍者！還有那位頭戴黑帽（帽穗飄揚），白衣黑裙，胖胖的圓臉，笑口常開的酒保。我看過他們！我好像來過這裡？我印象裡是有這一幕的！我來過這家餐廳嗎？我的天！我確實是沒有來過這希臘區呀！

芝加哥是美國非常有特色的湖邊大城，也是所有學會開年會時最喜歡選擇的地點，所以我來了好幾次，但每次總是來去匆匆，很少能到處去看看，就是有一點空檔，也一定跑去湖邊的歷史博物館和科學博物館，那裡面的一個區域就可以讓我流連忘返，耗掉一整天。所以，我很清楚我沒有來過希臘區，也絕對沒有進來過這間餐廳！

可是眼前的景象，人物和家具的擺設，在我一進門的第一印象，就帶給我非常熟悉的感覺，我和大夥兒一齊圍坐在一張很大，看起來很古老的長方形木桌，周遭的吵雜聲，遠處的希臘樂音，加上香噴噴的烤羊排里肌，那味道更加強我似曾相識的感覺。我心裡越來越狐疑，我的真實（沒來過）和我的記憶（曾經來過）有了最明顯的分離。我開始感到害怕，我不可能夢遊飛到芝加哥，又來到希臘區，又進入這家餐廳！那難道是前世今生的重複嗎？我馬上去求證，主人說餐廳剛慶祝五十週年，而我當時剛過五十歲，所以這似曾相識的印象是不可能來自前世了。

那這是怎麼一回事？我這個「不可能」的似曾相識感來自哪裡？只有我這個個案嗎？

當然不是，很多人都有這個經驗。有一個調查報告說，百分之八十五以上的人曾經有過這種和真實脫節的「似曾相識、以前來過、歷史重演」的經驗，其中有少部份的人會一再經歷這個現象，法語中有一個特別的名詞來形容這個「怪怪的感覺」，就是déjà vu。而且，調查結果還指出，兒童要到八或九歲之後，才出現這種到一個地方就感到「似曾來過」，看到某一個陌生人卻有「似曾相識」的感覺，表示這種經歷的感覺是需要某些程度的認知能力！此外，年紀越大的人，déjà vu的情形會越來越少，而很累、很焦慮、有壓力的人，déjà vu的次數卻會越來越多！

科學家已經漸漸能打開déjà vu之謎了。首先當然要靠記憶研究者來建立一個研究方式，讓我們在實驗室裡可以創造並重複這個現象，然後才可能去建構理論的解釋。一九八九年，雅各比（Larry L. Jacoby）和他的學生就做了這麼一個實驗，得到了這種類似déjà vu的結果。他們讓受試者學習一系列的字，然後間隔一短暫時間後，給受試者一個記憶測驗，也就是當目標字出現時，要他們做看過或沒看過的決定。另外，實驗做了一個很巧妙的安排，即在每個目標字出現的前一瞬間，螢幕上會閃過一個呈現時間短促到根本無法察覺的刺激物（受試者根本不知道前面有東西出現過），這個閃過的刺激，可能是一個和目標字完全相同的字、不同的字，或只是一道閃光而已！

結果非常有趣，受試者對目標字的判定，深受前面刺激物的性質所影響。目標字的前面閃過的刺激如果是同樣的字，他們就認為這個目標字非常熟悉，一定是看過的字；即使是這個目標字根本不在原先學習的列表中，受試者也會因為前面閃過同樣的字（雖然無法察覺），而認定它一定出現在原先的列表中。這個結果實際上就是實驗室中所創造出來的déjà vu現象。

這樣的實驗結果指出來，對字的熟悉度和對字本身的記憶是可以被分離的，而分離之後，受試者對熟悉卻沒有記憶的字，就錯誤的歸因到以前一定見過的感知上了。利用這個實驗的方式和對其結果的詮釋，另一組研究者更利用催眠的方式，讓受催眠者以為某一個沒做過的解謎作業會出現在之後的測試中，因而感到熟悉但不知其所以然！結果是當這個謎題出現在清醒時的解謎作業中，受試者果然對要解決的謎題感到非常熟悉，但他們會覺得之所以這麼熟悉，一定是以前就做過的謎題。déjà vu果然可以被創造出來，而關鍵就在於對字（或所做的事）的熟悉度和記憶被分離了，而我們的腦就必須編一套故事去解釋為什

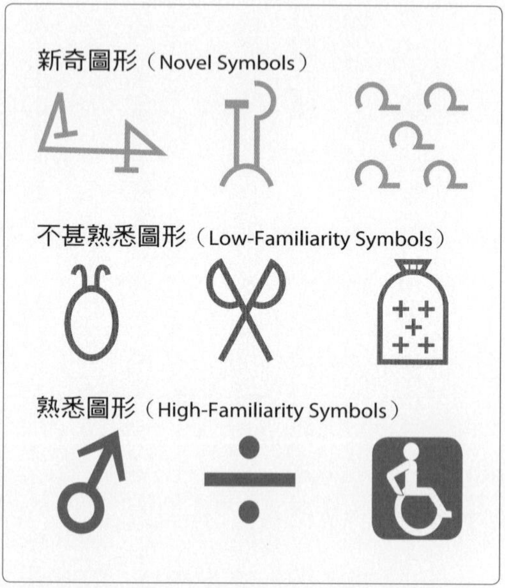

記憶研究者已經漸漸能解開déjà vu之謎了。他們讓受試者學習一系列包含新奇的、不甚熟悉的、熟悉的圖形，間隔一段時間後，再請受試者做記憶測驗，當目標物出現時，受試者必須做出看過或沒看過的決定。另一方面，研究人員巧妙操弄，在每個目標物出現的前一瞬間，讓螢幕閃過一個呈現時間短促到受試者根本無從察覺的刺激物，可能和目標物相同、不同或只是一道閃光。結果顯示，閃過的刺激如果和目標物相同，受試者就認為這個目標物非常熟悉，一定是看過的圖形。圖片來源：郭倖惠（重繪自*Psychological Science*, April 2009）

麼對好像沒經歷過的事物會那麼熟悉。

無獨有偶，我在寫這篇文章時，剛出刊的《心理科學》（*Psychological Science*）期刊，登了一篇論文，也在討論 déjà vu 的解釋，作者仿雅各比的實驗，但用新奇的、不甚熟悉的，和熟悉的圖形來取代用字做為目標物（如右圖），而且把閃過刺激物的經驗間隔了很久一段時間，才做目標物的辨識作業，很清楚重複了雅各比等人的 déjà vu 結果。這表示語言不是必要的條件，而時間的差距可以隔得很遠，這結果當然把實驗室的現象和真實生活的 déjà vu 又更拉近一些了。

我在讀這篇論文時，總覺得好像以前讀過了，但它才剛出爐呀？Déjà Vu!

節能減碳，向鳥學習

師法自然，應是生存的法則之一。過去我們太相信「人定勝天」，現在我們應該換個態度：「人定敬天」！

我們小的時候，最喜歡的課外活動是到野外去放風箏。老師會帶著各班學生，先到山上砍竹子回來劈成細細薄薄的竹條，學生就依照自己想像的造型，組合風箏的基本骨架，再小心翼翼貼上薄而堅韌的「米紙」，然後含住一口水，微微抿起雙唇，左右擺晃著頭，像灑水器一樣把口裡的水輕輕噴吐出，讓小水滴均勻的灑在米紙上，待米紙乾了以後，米紙的表面就變得很平滑且有張力了。寫些字、畫了圖，黏上小紙條當尾巴，套上細細的繩子，就帶著風箏去飛翔了！看著自己手製的風箏隨風飛起，一路追逐空中飛翔自如的鳥兒，那種開心真是無與倫比。

但風光只是短暫片刻。沒風時，就看風箏軟軟的垂直落下，繩子斷了最是懊惱，不是被風捲上高空，掉在山的另一頭，就是掛在樹上，身上的紙被刺穿，再也飛不起來。而那些單飛得自由自在的小鳥，時而振翅，時而滑行，忽而升高，忽而降低，穿梭在茂密的樹林之間，眼力之好，身翅之妙，煞是好看！我在美國加州每次看見拇指大的蜂鳥，都會想起這段放風箏的好時光，這些特別的鳥會停留在同一地點，除了翅膀一分鐘上下振動千次之外，還可以全身靜止不動，更妙的是會倒退著飛呢！當然，令人歎為觀止的是共飛的群鳥，牠們行動一致，同時轉彎自如，都在瞬間完成。但放風箏，靠風力，小鳥單飛、群鳥共飛，都要靠翅力，唯有孫悟空的飛行，只要靠想像力！

孫悟空的能耐令人羨慕。翻一個筋斗，就飛過十萬八千里，沒有引擎就能啟動，沒有燃料也就不會排放二氧化碳，更不會因燃燒而噴射出環保殺手氣體氮氧化物（nitrogen oxides），真是絕對的綠色飛行者，環保的最佳楷模。但那是神話，真正的現實是，任何人造飛行物想在天上飛得快、飛得穩、飛得遠，和飛得久，無可避免的，就必須燃燒汽油，產生大量的二氧化碳，以及排出很多很多的氮氧化物，造成大氣的污染，而無疑的增加了地球暖化的程度！

高科技的進步，當然會帶動新的方案來發展更節能又更減碳的飛行。例如可以研發有效的太陽能電池以減少汽油的燃燒量，可以設計不要窗戶的客機，可以改善機身機翼的外形，而飛機建材品質的提升與改良，更是各大飛機製造公司研發部門的主要工作。

除了硬體的改造，軟體的考量也是非常必要的。例如，航線的選擇如何配合風向的計算，飛越的領空如何不受政治干擾而能截彎取直；此外，改良飛機場的設計，以減少盤旋待降的飛機數量以及盤旋的次數等等。這些由管理的改進而產生節能減碳的效力，有時比硬體的改善大得太多了。最有趣和最有成效的例子，居然來自台灣。

說來好玩，三個月前，我在歐盟的研究諮詢會議上，和一位比利時大學的教授閒聊，他是一位綠黨的核心幹部，談起環保議題就滔滔不絕，說到如何維護地球永續，點子更是源源不斷，有些還真是極有創意！他一聽到我是台灣來的，就一臉敬佩的神色，先是促狹的雙手合掌對我膜拜起來，然後正色說：「台灣真了不起，你們每年為地球省下多少飛機的燃料！想想看，為了轉運，每趟航行都要增加好幾次的起起落落，還得繞道，平白耗費大量而不必要開銷的汽油。你們在一念之間改變了政策，不再繞道，不必轉運，直航為人類省下了大量汽油，也減少了二氧化碳及氮氧化物的污染。所以呀！我們所有為保護地球永續存在的打拚者，非得向你們致敬不可！」

對這一番話，我是蠻感動的，對歐洲的科學界和文化界人士也不由得肅然起敬！他們衷心保護地球，把永續的理念化為行動，處處都以建立節能減碳的新生活方式為這個世紀的文化指標。大家都期待年底（二〇〇九）前將舉辦的哥本哈根會議，會有為地球降溫的協定，並且提出具體的措施，以落實節能減碳的生活規範！

在這樣的氣氛之下，各行各業都在徵求富有創意的綠能思維，以及可以立即化為行動的綠色操作方式，尤其是那些用油量特別大的企業更是卯足全力，要設計出令人耳目一新且立即有效的節能方案。微軟公司這兩年都以「環保」做為潛能創意盃（Imagine Cup）的競賽主題，而空中巴士公司（Airbus）更以極高的獎金，徵求能為空中飛行節省汽油的方案。其中有一個得獎的方案確實是別出心裁，而其核心概念居然是來自觀察鳥的飛行行為！

其實，我們都看過群鳥共飛的隊形，如果是小範圍的飛行，則群鳥聚在一齊共飛，團上，團下，團右，團左，和魚缸裡群魚共游的隊形相似；但如果是長途飛行，群鳥就會拉開距離，總是一鳥在前，眾鳥在後，兩邊散開，形成人字形的飛行隊伍。帶頭的鳥比較吃力，但空氣氣流因人字形的流向而產生漩渦式的動力，使隨行在後的鳥可以借力使力，輕鬆向前飛。一段時間後，後面的某隻鳥就會去取代領頭的鳥，讓牠退到後方輕鬆省力的飛行。這樣輪流取代領頭鳥的位置，使全隊平均花費的能量節省了很多。演出這樣飛行行為，使整群的鳥兒可以飛行千里，秋冬往南飛，春夏就北返，來來去去，正是候鳥的寫照。

一群美國史丹佛大學的研究生，充份利用群鳥長途飛行的原理，向空中巴士公司提出一個節能減碳的客機飛行計畫，他們計畫讓由舊金山、洛杉磯、拉斯維加斯、聖地牙哥等地飛來的飛機，在同一時間飛到猶他州附近聚合，形成團隊，每架飛機相距二到五英里，然後以人字形的飛行隊形一齊飛往倫敦。他們

師法自然，應是人類生存的法則之一。空中巴士公司以高額獎金徵求能為空中飛行節省汽油的方案，其中一個得獎方案別出心裁向鳥取經，核心概念來自觀察鳥的飛行行為。圖片來源：達志影像

做了精細的燃料消耗量比對後，發現可以節省百分之十二的油量，而且噴出的環保殺手氣（氮氧化物）也減少了四分之一。這個結果令人驚歎不已，因為在航空界，改進硬體而能省下百分之一的油量，就已經是件可喜可賀的大事了！

很有趣吧！千萬年演化的結果，自然界充滿了奇蹟式的問題解決方案，值得我們學習。師法自然，應是生存的法則之一，但科學的進展讓人類自以為可以控制複雜的宇宙，往往犯了不自量力的錯誤。過去我們太相信「人定勝天」，現在我們得換個態度：「人定敬天」！

新人性枷鎖：手機族的「數—音—字」效應

頻繁而廣泛使用簡訊會不會使手機族對輸入訊息的數字鍵產生依賴？數字鍵上的ABCD或ㄅㄆㄇㄈ會在腦中自動組合、左右你的認知運作？

5630，5630！

什麼意思？

一位朋友從網路上轉寄了一篇文章給我，是一名教國文的國中老師以女學生的口吻，寫了一篇到海水浴場的遊記，文中充滿了許多現代小孩的用語，非常生動有趣。尤其從國中女生的眼光與心態所使用的新興詞彙，不但反映了少女活潑細膩的心思，也顯示出現代流行生活面向融入多語言環境所產生的語言變化，是非常快速和豐富的。例如到海水浴場去「消毒」，指的是曬太陽，而沙灘上一字排開的人群，有的在「搓麻糬」（交女朋友），有的在「上午夜場」（打kiss）；有些缺水（沒水準）的人，又吃「巧克力」（檳榔）又吃「熱狗」（吸菸），還不斷「洗胃」（喝飲料），實在「機車」，所以那些人應該是「三好加一好」（四好，台語「死好」）；媽媽管東管西的，有點「茶包」（trouble）和「芝麻」（很煩）；文末來個沙崙沙崙「5630」！

我猜出了這篇文章中許多形象顯明的詞彙，但對最後的5630卻百思不解，特別去請教一個住在隔壁的國三女生。她一聽臉紅了一下，說是「我在想你」，用台語發音。我恍然大悟，問她說：「你們為什麼喜歡用數字代表？是某種秘密遊戲嗎？」她說：「不是啦，是為了手機傳訊方便，因為每打一個中文字，就要在數字鍵上找到ㄅㄆㄇㄈ，像『我在想你』四個字，得按九次鍵，碰到同音字又得選字，就慢了。所以大家習慣用數字諧音來取代。例如，

6868就是『溜吧！溜吧！』；1414就是『意思意思』；77543是『猜猜我是誰』；55646是『我無聊死了』等等，很多啦！網路上還有對照表呢！」

我想起這幾年有手機業者舉辦簡訊比賽，有些得獎作品如「病危，患相思。等你，老地方」或者「爸，母親節快樂」，非常有創意，文意也雋永，還有個十八歲小女生寫了「想我，響我！」，言簡意賅！我忽然發現我和年輕的一代是有很深的代溝了，他們是網路世代的手機族，生活型態和講話寫信的方式都在變，幾乎是人手一機，而且一機在手，資訊無所不在，也不分時間地點。

有一次我開車在陽明大學的校園裡，看到一個男生騎著摩托車往上爬坡，右手握車把，左手按手機。我上前對他說，邊騎車邊傳簡訊是很危險的！他一見是老師，很有禮貌的謝謝我，但馬上解釋說他用手指按鍵已經自動化了，閉著眼睛都可以正確的按鍵，反而比邊騎車邊講手機更不危險！但我的專業告訴我，簡單的「數─音」對應可以自動化，但較複雜的「音─字」對應，在文意有歧異，需要動用到認知決策時，還是會分心的。

這幾件事一直困擾著我，讓我不停想著一個問題，新的溝通工具如此廣泛且頻繁地為人使用，會不會使手機族在不知不覺中成了這個新工具的奴隸呢？網路的流通已經使宅男宅女的生活型態越來越流行了，難道頻繁而廣泛使用簡訊不會使手機族對輸入訊息的數字鍵產生依賴嗎？讓我把問題更聚焦和具體化一些：習慣用數字去表達意義的手機族，在用手機打含有５６３０這串數字的電話號碼時，會不知不覺對接電話的陌生人產生莫名奇妙的親切感嗎？

不管是根據認知學派的激發擴散理論，還是聯結學派的「聯想─媒介」假設，這個答案都是「會」的，而且使用手機傳簡訊的頻率越高，受到的影響就越強。在我動手設計實驗以前，先把文獻搜尋一遍吧，也許有人也想過這個問題，做了實驗，而且已有確切的答案。果不其然，我上網一查，就看到最近的文獻上，有一群來自德國烏茲堡大學（Wurzburg University）的科學家已經注意到這個問題了，其中托普林斯基（Sascha Topolinski）教授就針對習慣使用手機發訊的人，是否會受到習慣化的「數字—字母」對應關係而影響認知運作，做了一系列的研究。

實驗的結果很有趣，但先讓我們把問題的本質和實驗的操作程序弄清楚。每個用手機英文輸入的人都很清楚，鍵盤上有0、1∫9十個數字，除了1和0，每個數字都代表三或四個字母。所以要打love，就要按5683；要打hate，按4283；要打taiwan，則按824926等等（如四四頁圖左）。

在第一個實驗裡，有一百零五個大學生參加。每一位學生都單獨受測。作業很簡單：受試者根據耳機傳來的數字，在手機的數字鍵上依序按下，有時候只有四個數字，有時五個，最長有九個。這一串長度不等的數字，有時候剛好代表一個英文字（如5683是love，37326是dream等），有時候是隨機湊在一起的數字串，並不代表任何英文字。

六十四位受試者在一支只有數字而沒有字母的手機上（如四四頁圖右）聽按數字串。每按完一串數字後，在他眼前的電腦螢幕會出現一串字母，他要很快判定那串字母是否構成一個英文字（如看到salad就按1代表是，看到sdlaa就按0代表不是）。這個作業稱為詞彙判定（lexical decision），而判定所需的時間反映了認知歷程的難易程度。

另外四十一位受試者做為控制組，也做同樣的作業，但不是在手機上，而是在電腦的數字鍵盤上，其用意在於電腦的數字鍵盤並沒有輸入英文字母的功能。

習慣用數字去表達意義的手機族，在用手機打含有5630這串數字的電話號碼時，會不知不覺對接電話的陌生人產生莫名奇妙的親切感嗎？圖片來源：許碧純

結果很清楚，實驗組在詞彙判定作業上的速度，深受緊接在前的那一串數字影響。如果數字串剛好對應了螢幕呈現的目標字，如接在5683之後，呈現的目標字是love，那受試者的判定時間比不對應的情況快了將近十三個毫秒。這個差異達統計上的顯著程度。

有趣的是這個差異並沒有出現在控制組身上，表示人一拿起手機，就被鎖進「數字—字母」對應的聯想世界中，而且結果也顯示，使用越頻繁，就被鎖得越牢。另一方面，在電腦的數字鍵盤中，人卻又可以完全解脫了。

第二個實驗更好玩了。實驗程序和實驗一大致相同，受試者仍然要做聽按數字串的工作，但所做的作業不是詞彙判定，而是評估那串數字令人感覺愉悅的程度（從1代表很不喜歡它，到10代表非常喜歡它）。結果是和數字串對應的字為積極正面（如24223，對應的是chance，代表機會），那串數字就被評為很令人喜歡；相反的，和數字對應的字母所組成的英文字若是負面的（如24267，對應到chaos，代表一團亂），那串數字就評為不受喜歡的。受試者其實並不知道有這些對應關係，因為手機上只有數字沒有字母，但他在無意中被激起的字母都自動組合成有意義的詞，而那個詞義的正負面向就反過來影響受試者對那串數字的喜惡程度了。

第三個實驗在類似的實驗程序下，把受試者的作業稍做改變，他們先聽按一串數字，然後聽一家公司的名號，再聽這家公司經營的行業。聽完之後，受試者要評估喜歡這家公司的程度，也是用十等量表去做區分。結果發現數字串若和公司商品方向一致（如25863是德文的blume，意思是花，而公司是花店），則受試者會對這家公司給予較高的喜歡評等。這個現象主要出現在用手機聽按數字的受試者，並沒有出現在用電腦數字鍵的控制組評量上。

這三個實驗對想要解答的問題，一個扣一個。先在最基礎的現象上，建立數字對應字母並激發詞彙建構的歷程；實驗二顯示了激發出來的詞是帶有感情因素的。實驗三更進一步告訴我們，這個由數到字母到詞到義到情感的歷程是可以被應用到實際生活的商業行為。這一系列的實驗研究，展示了基礎研究帶來的科學新知識，再釐清這個新知識的涵義，然後把它應用到新的領域上。接下來，當然就是要去開拓更多的應用方向了。

也許我們可以從這一系列的實驗成果中得到啟發。人類有無限的潛能去創造新的工具，可以改造生命的條件和生活的方式，而且新的工具確實很方便，但它也帶來了新的人性枷鎖。手機加網路讓你無遠弗屆，但也讓你無所遁形，失去了個人的隱私，尤其上班族的夢魘就是辦公室與你同在，變成「無任所」工作者！人的自由意志？算了吧！誰會想到使用手機傳訊，那數字鍵上的ABCD……或ㄅㄆㄇㄈ……會在腦中自動組合，左右你的認知運作呢？

還好，電腦鍵盤上的實驗結果，讓我們看到了解脫枷鎖的希望。只是要知道如何解放，就要更多的實驗研究！科學家也被鎖住了嗎？

看不看？記不記？數位世代的策略適應

「看什麼？往哪裡看？」和「要記住什麼？在哪裡可以搜尋到？」這兩個不同功能的運作方式，實有異曲同工之妙。看來，由視覺到記憶，人類演化的規律是放之各層面而皆準。

眼睛是用來做什麼的？

答案絕對不會是：「用來吃冰淇淋的！」無庸置疑，當然是用來「看」東西的。但為什麼要問這麼一個顯而易「見」的問題呢？原因無他，以科學分析的論證方式去問眼睛「怎麼看？」（How）、「看什麼？」（What）和「為什麼看？」（Why），那麼每一個問題的答案都不簡單。從眼睛的生理結構，到視神經細胞如何傳遞訊息，到腦神經如何「認識」影像，到為什麼美目倩兮會那麼引人注視的生物演化論，每一個議題在這數百年來已有成千上萬的研究者寫出成千上萬冊的剖析和論述，但至今我們對「看」的理解，仍然是不足的。尤其對「看樣學樣」的模仿，研究者通常只把眼睛當做登錄和傳遞影像的轉接站，卻沒有注意到眼睛傳遞的，不是一成不變的成形影像，而是無數光點的集合，前者是被動的和靜態的，後者則是經由主動的選擇和動態的計算得來！

舉例來說，對眼睛看物成像的想法，一般人總是以相機的鏡頭來比擬，所以鏡頭關閉和眼睛闔上是一樣的，阻止了光線進入，相機裡什麼都沒有，眼睛當然也看不到東西。再者，在一個密閉的房間，把燈關掉，相機照不出任何東西，眼睛所見當然也是一片黑暗。光線決定一切，而物件透過鏡頭反映出倒過來的影像。在達文西時代，就有人（有一說是他本人）利用牛的眼睛做實驗，看到了透過牛眼所反映在牆壁上的物件影像也是倒過來的。因此，眼睛看物和相機照物的成像原理似乎是相似的。

這種被動反映光線而穩定成像的過程，在膠卷時代經常為人所用，拿來說明眼睛成像的原理。但數位相機的成像過程和膠卷的類比成像則是完全不一樣的概念，晶片上排列整齊的每一個座標都是光點接受器，計算出方位和光譜的頻率數據，再合成為影像。從早期膠卷時代利用感光藥劑的化學變化投射上去的顯像，到數位相機以感應、轉換、解碼、還原而後成像的變化，科學家對「看」的理解就有所不同了，也會由「怎麼看？」的新見解去探討「看什麼？」和「為什麼看？」的問題了。換句話說，看，是一種主動的選擇，也是促進個人和看的對象合而為一的利器。眼睛不只是影印的工具，在演化的過程上，它們扮演著社會化的重要角色。

為了生存，生物必須學會看到食物，也要學會看到危險，更要學會看到可依賴的事物，然後設法結為一體，以增強自我的能量。這是模仿的最基本功能，而眼睛是使模仿得以成功的重要器官。它們看到被模仿對象的動作、姿態和臉部表情，然後計算完成這些動作、姿態和臉部表情所需的神經運作機能，再由腦神經傳遞這些訊息，指揮各不同機能去做出類似的動作、姿態和臉部表情。這是一種認同和期待被接納的社會化歷程。眼睛所擔負的功能，絕對不僅僅是影像登錄和傳遞而已。「夫妻相」其實是眼睛社會化功能的表現，而族群面相和動作的特色，也是因之而生的。

透過眼睛的計算去模仿權威者，是一種討好的行為表現，那麼反過來說，被模仿者看到模仿者學習自己的動作、姿態和臉部表情時，應該是會不由自主產生沾沾自喜的情緒，把模仿者當成自己人的機率就增加了。

為了證實這個看法，一群歐美的研究者合作了一項實驗，讓受試者在進行文字認知的實驗之前，和一位同時也在實驗室等待做實驗的學生交談十分鐘。這位特別安排的學生，在和其中一半的受試者閒話家常時，有時會故意去模仿受試者的言行動作和姿態，包括說話的語調。交談十分鐘後，學生離開了，受試者就開始文字認知的實驗。另一半的受試者同樣和這位學生閒聊十分鐘，但學生並沒有做出任何模仿的動作。

實驗結果很清楚：在接下來一個對閒聊對象的喜惡評量中，受試者對模仿者的好評，顯然高於沒有做出任何模仿動作的交談對象，證實了被模仿者把模仿者視為共同體的現象。但更有趣的是，如果讓受試者在實驗之前看一張鈔票的畫面，引發他對資源保護的意念，那他可能就認定模仿者是別有用心，對模仿者就沒有好評了！

這個實驗讓我們了解一項事實，即看到好處，看到資源，看到權威，看到保護，和看到競爭，看到威脅，看到惡果，都是「眼睛」的責任！所以「怎麼看？」、「看什麼？」和「為什麼看？」真不是讓我們可以一目瞭然的問題！

生物演化和周遭環境的變化是息息相關的，眼睛看到環境中有新的事物會影響生存，就會尋找可依賴的新對象，接下來的模仿就是試圖融入那個新的環境體系，分享其中的資源。當我們把「看」這一個問題提升到這麼一個社會化的層次，我們就必須體會到這不僅僅是眼睛的問題，而是整個認知經營的演化過程中一個核心運作方式。

由於社會的組成與進展越來越複雜，與日俱增的訊息量早已超出個人或集體的記憶容量。分化專精的知識藏在權威者的手上，想要分享那些知識，就必須依賴權威，而模仿和學習都是必要的靠攏手段。權威在哪裡？必須靠眼睛去尋找，是某個人，是某本書，是某篇論文，是某棟建築，還是某件藝術作品……。我們已經學會把記憶寄放在這些可看見（或可聽見）的文、物上。《永樂大典》、《四庫全書》、《大英百科全書》都是我們把記憶外放的場域，它們象徵著「知識」的資源所在，靠攏它們，就是要使自己成為知識社會的一員。

網路世代來臨，Yahoo!、Google、維基百科，透過指尖，知識與我們同在。它們變成我們的權威，變成我們必須依賴的對象。事實上，我們必須超越模仿、化成記憶交換的運作體系，成為時空資訊的行者。將來要能安逸的在知識社會中遊走移動，我們就必須改變知識擷取的方式。也就是說，網路高科技改變了我們的記憶策略，眼睛加指尖的滑行彈跳也修正了我們的求知戰術。

最近《科學》期刊的一篇研究報告，充份證實了網路高科技帶來的這些認知變化，你我這些經常遊走在網路上的人，應該是會同意這些結果的。研究者讓受試者看一連串不相干的文句敘述，告知其中有些句子會存在網路上，而另一些句子會被刪除；看完這些句子後，會有一些未預期的記憶測試。結果，受試者對那些會被刪除的句子記憶特別好，對那些會被儲存起來的句子，反而記得不太好。這個記憶的策略和上網時數有相當的關係，越喜歡掛在網上的，這個記憶策略和網上知識的依存關係就越明顯。

另外，實驗的結果也指出來，對於會被儲存的句子雖然記得不好，但對它們儲存在哪一個檔案中，卻記得非常明確。即，"What"不記得，"where"卻記得很好！知識的擷取顯現出兩種不同的策略：「是什麼？」和「在哪裡？」。這樣的分化我們並不陌生，科學家在視覺神經的通路上早已發現，這兩者的處理也是分開的！所以，「看什麼？往哪裡看？」和「要記住什麼？在哪裡可以搜尋到所要的資訊？」這兩個不同功能的運作方式，實在是有異曲同工之妙。

看來，由視覺到記憶，人類演化的規律放之各層面而皆準，這是個重要的結論。要記住這句話，否則就要記得在《科學人》的網站上或《我與科學共舞》這本書上可以找到這句話，那麼當然就可以不必費心思去記了！

清淡無味，長壽之道

當腦神經細胞得不到氣味輸入時，可能的解釋是遇到「ㄎ年冬」，身體必須啟動延續生命的機制，儲存餘糧、節能減碳的策略便應運而生。

半年前的某個週末，臨時應一位友人之邀，到高雄和一群久未相聚的同學碰面，急急忙忙趕到台北高鐵站買票。售票口後方的一位年輕小夥子，看一眼我白中有灰的頭髮，又上氣不接下氣，一副喘吁吁的勞累模樣，好心的說：「你應該可以買老人票了，便宜一半呢！」聽到他的話，我忽然呆住了，心中一則以懼（我看起來那麼老了嗎？）一則以喜（可以省錢當然是好事一樁！），依言付了錢，拿了票，進入車廂坐下，心中真是百感交集，我的人生就這麼走過一大半了嗎？

老同學聚在一齊，談古憶往，肆無忌憚，天南地北，大吹大擂，又互挖瘡疤，把當年在學校時的勇事、窘事、糗事，加油添醋的比劃描繪，大家笑翻了天，彷彿回到年輕時代。乘著月色，我意氣風發的叫車趕到高雄高鐵站。我把錢由售票窗口遞了進去，嘴裡不勝得意的說：「到台北。」窗口內的小姐上下打量了我好幾眼，說：「錢不夠，要全票，不然就要看身分證。」我隨手掏出來時的票根以示證明，加了一句：「看我一頭白髮就夠了！」小姐說：「你可能是少年白啦！沒有身分證，就得買全票。但是看你活力十足，動作又很俐落，不可能那麼老！」這些話真是受用，我二話不說，馬上補足金額買一張全票。一路感激那位售票小姐，腦海裡不停重複她那句：「你不可能那麼老！」

這件生活上偶發的小事之於我個人，其實是件大事，也讓我對長壽和高齡化有了些新的想法，更開始對「延年益壽」的相關科研文獻，特別敏感起來了。

首先，長壽和高齡化指的其實是同一件事，但兩個概念所引申出的社會和文化涵義卻不盡相同，甚至還有對立的意含。長壽是一個非常積極正面的意象，對個人而言，代表著「福如東海，壽比南山」的神仙境界，而對整個社會來說，人民的平均壽命若能不停往上提升，正意味其基礎建設（如交通、教育、科研、醫療照護和社會安全等）的良善和進步；相反的，高齡化概念，對個人本來是好事，但從社會的整體而言，卻因舊有的社會制度對新的生命變化尚未調適過來，遂演變成為一項複雜而沉重的經濟負擔了。

仔細想想，現在政府所有的基礎建設都是建立在六十歲以後就進入老年期的假設上，而這個假設在很多先進國家顯然早已不適用了，六十歲就屆齡退休對現代的大多數人（包括勞工）而言是太早了，所以學校裡延後退休的情形越來越普遍，而活力十足的六、七十歲的人對終身學習的需求也越來越高，更重要的是，由於多年的閱歷、處世的智慧，和工作經驗的加值，他們的生產品質也越來越好。社會如何利用他們延長而質優的青壯年期，去改造舊社會的古老基礎建設，才是高齡化的正向思維之道。演過《星際大戰》、《法櫃奇兵》等精采絕倫影片的哈里遜福特，在六十五歲之際被媒體記者譽為中年人，真的一點都不為過，隔年他再扮大冒險家印第安那瓊斯，距離他四十七歲演出第一集，已經十九年了。其實，越來越多的人都像他一樣，除了年紀，一點都不老！

上述這些對長壽和高齡化社會的正向思考，讓我對有關長壽的科學研究越來越有興趣，三不五時就會上網查看有沒有新的發現，或特別留意期刊上的發表。當然，最近長壽基因的議題很熱，我一篇一篇讀過去，雖然對那些「可能性很高的長壽基因」得以被標示出來，感到敬意十足，但在興奮的閱讀中，卻也感到一絲挫折，因為對這些可能的長壽基因，我不太能即時做些什麼去改變我的壽命；倒是另一系列的研究，讓我感到可以起而行，為延長自己的生命做些努力。

我會注意到這一系列的研究，當然是我最近對相關議題的敏感，另一個原因是它們發表在相當權威的科學期刊，其學術性是可以被肯定的，最重要的是我被其研究內容的異想天開和結果的違悖常理所吸引。這個研究的出發點在於想要證實動物的嗅覺和其生命老化的過程有關。從常理推論，味覺和覓食有關，所以發現嗅覺完整性和生命延續之間有所關聯，應該是很自然的，但美國密西根大學普萊徹（Scott Pletcher）教授的研究團隊，卻在二〇〇七年發現一個奇特的現象，即把果蠅的嗅覺器官去除，使牠們完全測不到任何氣味，這些果蠅的壽命和嗅覺完好的對照組果蠅相比，竟然增加了百分之四十到五十。

這是怎麼一回事？以往的研究中，瑞士的科學家也曾在蛔蟲的實驗中發現類似的生命期與感官經驗的關係，可見普萊徹的研究結果並不突然，他們在不同的生命體中證實了同樣結果。為了進一步了解究竟是哪一種嗅覺和生命期有關，最近（二〇一〇年）普萊徹和同事根據其他科學家在果蠅身上找到能聞到二氧化碳的神經元這一發現，把果蠅嗅覺系統裡掌管對二氧化碳反應的部份切除，保留其他嗅覺部份的正常運作。結果發現，這一舉動對雄性果蠅毫無作用，但卻使雌性果蠅的生命延長百分之三十。

這又是怎麼回事？為什麼是二氧化碳？又為什麼只對雌性果蠅有作用？

嗅覺當然可以讓動物找到食物，但如果原先的嗅覺失靈了，對動物本身可能是一個危機來臨的訊號。當腦神經細胞得不到氣味的輸入時，可能的解釋是遇到「歹年冬」，周遭環境的食物源太稀少了，身體必須啟動延續生命的機制，因此儲存餘糧、節能減碳的策略就出現了。對果蠅來說，二氧化碳和最愛食物酵母相關，是為美味當前的訊號，而雌性動物對這個機制的運作特別敏感。根據這一個想法，普萊徹的研究群果然在對二氧化碳氣味不再敏感的那群雌性果蠅體內，發現了更多的脂肪，顯然牠們已經啟動預備苟延殘存的機制了！

我深思這些實驗結果，得到一項很簡單的自我修練方法：為了長壽，我以後不應該吃太多，要讓自己身體實施節能減碳的策略。其實啊，這些禁食的戒律，社會上很多傳統文化都有，但其中最透徹也最深入的作為，當推佛道兩家的修練心法，前者要求吃素不殺生，要不貪、不嗔、不痴去三毒，而後者講究清淡無為之道，不都是讓身體內部得以節能減碳的方法嗎？民間這些延年益壽的秘訣，卻能在嚴謹的實驗檢驗下看到可能的證據，讓我深深吸了一口氣，大嘆：真是妙不可言！

Part 2

點好奇的睛

科學就是我好奇，故我在

魚視眈眈，誰是老大？

科學家以精巧的實驗揭示：「我非魚，能知魚之思！」妙哉！

你養過熱帶魚嗎？很麻煩呢！玻璃缸要洗，缸裡的雜草要清，要調光，要注意水的流通、氧氣夠不夠，還要定時餵魚，不同的魚要吃不同的飼料，有粉狀的，有顆粒的；還不能讓牠們吃太多，否則牠們也會過胖（會嗎？還是我的幻想呢？）。欸！但是這些麻煩只要習慣了就好，變成例行生活的一部份，也就可以和魚一樣怡然自得；最主要的是一進家門，看到五彩繽紛的魚兒在玻璃缸裡優哉游哉的游過來、晃過去，一副與世無爭的禪修者模樣，外面俗世的吵鬧紛爭也跟著煙消雲散。所以，我真的很能了解，為什麼我那位愛魚的朋友最近家裡的電視機都不見了，而魚缸卻越來越多個了。

每次大夥兒聚在一齊聊天，這位愛魚的朋友就會大談魚經，由最高山上的魚，沿著山陸間的小溪魚蝦，到樹林中的大小湖魚，然後平地的河魚、海口聚集的近海魚，到遠洋的大海魚，歷歷如繪，而我們就像神遊在屏東的海生館，隨著「語音」導覽，做了一場想像之旅。他對魚的知識豐富，不同的魚的婚禮，各種魚卵的誕生歷險記，魚父母照養魚子的方式，真是五花八門；而且天地之奇，令人驚歎！大夥對他佩服得不得了！這位業餘的魚科專家，被我們封為科學魚痴，當之無愧！

一個月前，我半夜打電話給他，告訴他我讀到一篇有關非洲慈鯛（Africa Cichlids）的研究報告，非常好玩，其中的內幕一定會讓他歎為觀止，但時間太晚，我要睡了，答應他第二天一定詳細告知。我掛上電話，就優哉的坐在沙發上等，一個小時後，他老兄果然迫不及待就來敲門。我當然是濃黑咖啡一壺伺候，而且為了補償他的求知熱情，把論文的綱要和實驗內容都為他整理好了！

四到五歲的人類幼兒能在知道小明比小華強壯、小華比小惠強壯後，得出小明比小惠更強壯的結論。非洲慈鯛竟也有類似遞移推論的邏輯能力，而且爭奪地盤打鬥時，柿子挑軟的吃！圖片來源：iStockphoto/ricardoazoury

他進門後的第一句話是：「有何魚鮮事，別再吊胃口，願聞其詳！」

我看這位老朋友，知道他愛魚心切，就馬上言歸正傳，告訴他美國史丹佛大學一位電機系研究生和他的生物學教授做了一個非常巧妙的實驗，證實了非洲慈鯛竟然有遞移推論（transitive inference）的邏輯能耐。這個能力是人類幼兒在四到五歲才會展現的能力，是所有推理邏輯最基礎的核心能力。它使小孩能夠在知道小明比小華高大、小華比小惠高大後，得出小明比小惠更高大的結論。在以往的研究文獻中，只有某些鳥類、某些鼠類及大部份的猿類、猩猩有這種推論能力，史丹佛大學團隊是第一個以令人信服的實驗方式展示出魚類具有這種推理能力的科學團隊。

這位魚痴聽得有些目瞪口呆，說：「這樣說來，我那些悠然自在的魚，是有思維能力的囉！我常觀察牠們，知道牠們偶爾也會耍脾氣，但如何證實牠們的遞移推理能力呢？」

我即時阻止他的無限上綱：「思維能力是個很複雜的認知體系，史丹佛大學的科學家並沒有展示魚有那麼高級的認知體系，他們的實驗只證實了最基本的遞移推論能力，但這已經是很了不起的成就了！他們選擇非洲慈鯛做研究，因為這種魚有個特色，兩條公魚為了爭奪地盤打鬥，鬥輸的一方，臉上的黑紋會暫時消失，所以兩條公魚放在一處，想辦法引起牠們的打鬥，我們做為旁觀者，只要看哪一條魚臉上的黑紋消失，就知道牠鬥輸了。現在把一條慈鯛放在玻璃缸中，在缸外又放了五個玻璃缸，並各放入一條公慈鯛，讓我們稱牠們為A、

B、C、D、E慈鯛吧！」

老朋友等不及了，說：「好了，中間一條，外面五個缸各一條，又怎麼樣呢？」我說：「別急！中間一條是旁觀者，牠自在的游來游去，當然看得到外面的魚。這時候，實驗者把A和B放一起，B和C一起，C和D一起，D和E一起，然後用些技巧，使A打贏B，B贏C，C贏D，以及D贏E。也就是說A和B在一起鬥，B的黑面紋消失；B和C鬥，C的黑面紋消失；……。最後形成A>B>C>D>E的局面。這時候，讓A、B、C、D、E慈鯛各自回到原來的玻璃缸裡，然後有趣的問題來了：中間的慈鯛能憑著肉眼的觀察而判定那五條魚的相對社會地位嗎？」

老朋友又插嘴了：「會嗎？會嗎？」我說：「稍安勿躁！你聽我說嘛！實驗者等A、B、C、D、E慈鯛的黑面紋都恢復原狀，然後把A缸和E缸放在中缸的兩旁，那麼中缸的慈鯛會去找哪一缸的魚打鬥？你猜對了，牠會避開A缸而去找E缸的慈鯛，完全一副柿子挑軟的吃的架勢哩！那麼B魚和D魚呢？即使牠們之間的排序差距較小，中缸的魚也是一樣找D魚，證實牠確實是『知道』哪一個才是老大、老二呢！」

黑咖啡一口又一口，老魚痴沉思很久，終於吐一口氣，說話了：「老朽養魚多年，今日茅塞頓開！每天看那些魚游來游去，怎麼知道牠們不是也在觀察我走來走去呢？也許牠們一眼就瞧出我在家中算老幾呢！『子非魚，焉知魚之樂？』是不適用了！科學家以精巧的實驗告訴我們，『我非魚，能知魚之思！』妙哉！」

數日後的某個半夜，老魚痴神秘兮兮打了個電話給我，我進門一看，他正蹲坐在一魚缸前，興致盎然的觀看兩隻非洲慈鯛打鬥！真服了他！

旋轉女舞者，Psych-You-Out!

知覺系統對周遭環境的衝突訊息一旦做了選擇，就有了從一而終的執著！

去年（二〇〇七）底，中研院物理所所長吳茂昆院士忽然來了一封伊媚兒，附了個網址說：「我兒子在網站上看到這則訊息，覺得很好玩，也許你這位研究認知與腦神經的心理學家可以告訴我們這是什麼現象？為什麼我們的腦會有這樣的反應?!」

伊媚兒上的訊息不夠清楚，我就打電話找到吳院士，問他到底在講什麼？他興致勃勃的說：「你點了網址看到那個旋轉的舞者嗎？還沒有！那你一定要先看一下，真的很令人驚奇！看了之後，再告訴我你們認知神經科學的看法！」

我的好奇心全被勾起來了，就趕快點入網址，不一會兒，一位女舞者的畫面出現了，她的一隻腳直立地上，而另一隻腳往前抬高，以同樣的速度不停轉圈圈。我看到她曼妙的舞姿以順時鐘方向旋轉了起來，但是，等等，她怎麼忽然間就轉了個方向，變成逆時鐘方向旋轉了？我把眼睛眨一眨，再仔細看一會兒。咦！又轉回去了，變成順時鐘旋轉了。怎麼一回事？我可以確定那螢幕上的移動程式是不變的，如果有變化，則一定是來自我這位觀看者的知覺變化。而且，舞者總是無預期的時而逆時鐘方向，時而又順時鐘方向，再看一會兒，又是逆時鐘旋轉過去……順時鐘……逆時鐘……。天哪！我到底是怎麼了？昏了頭嗎？當然不是！因為我清醒得很呢！

盯著螢幕看了好一陣子，我又發現一個新的現象：我只能看到順時鐘方向的旋轉，不再看到逆時鐘方向了！我眨眼，揉眼，閉上眼，又張開眼，再看畫面，舞者仍在旋轉，我再努力也沒辦法讓她往逆時鐘方向旋轉了！這也告訴

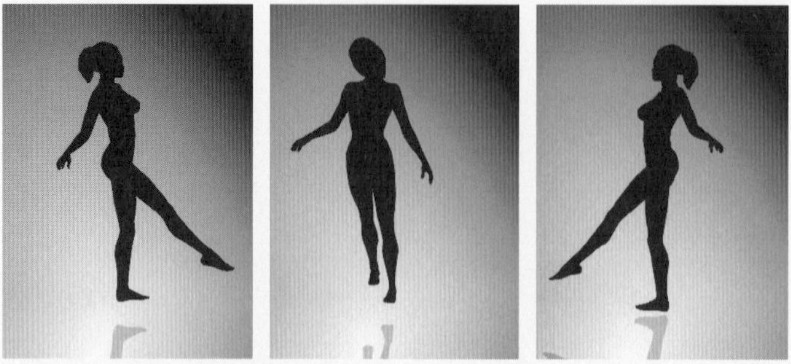

利用電腦程式做了一個以同樣速度、三百六十度不停旋轉的女舞者動畫，讓觀者產生忽左忽右的錯覺。旋轉方向的輪替變化，是來自生理機制，還是人腦選擇？圖片來源：www.procreo.jp©Nobuyuki Kayahara 2003

我，之前會看到一下順時鐘一下又逆時鐘的旋轉方向，絕不能用習慣化（habituation）和反習慣化（dehabituation）的生理機制來解釋，也許是我們腦在面對環境中的矛盾訊息之後，做了選擇，而一旦確定了選擇的方向，就不再三心二意了！

我關上電腦，拋開女舞者旋轉的身影，就去忙別的日常事務，晚上和同事們去狠狠打了幾場競爭激烈的羽球賽，讓自己累個半死，洗個澡，再到實驗室聽同學報告他們的研究成果，回到家裡已十一點半，看了半小時的小說，眼睛疲倦了，熄上燈，希望好好睡一覺，看看第二天一早，休息夠了，會不會有自發性的復元現象（spontaneous recovery），讓我重新看到舞者順時鐘和逆時鐘交替旋轉的現象。

所以，起床之後，一如平常生活步調，洗臉刷牙，換衣服，乘車，進辦公室和同事打招呼，一切料理妥當，我啟動電腦，打開女舞者的檔案，螢幕上的影像一出現，我就知道，沒有什麼自發性的復原，因為我看到的就是不停的順時鐘旋轉，根本看不到另一個方向的旋轉。當然，這個結果再次證實旋轉方向的輪替變化，不是來自生理的機制，而是知覺系統對周遭環境的衝突訊息所做的選擇，而一旦做了選擇，就有從一而終的執著了！

那天下午，我剛好有一場演講，來了一百多位聽眾，我一開場就把女舞者的畫面投射在大銀幕上，聽眾的眼光馬上被轉動的女舞者所吸引，我等他們看了幾分鐘後，就問他們：「看到順時鐘方向旋轉的請舉手。」大概有三分之二的聽眾舉手，我又問：「看到逆時鐘旋轉的請舉手。」也有三分之二的聽眾舉手！

怎麼會這樣？因為有人和一開始的我一樣，看到順時鐘和逆時鐘旋轉方向的交替！我讓他們再看得更久一點，然後又問了一次，但修改問話方式，強調「只」看到順時鐘或逆時鐘旋轉方向，或者兩者交替的人有多少。結果差不多一半的人「只」看到順時鐘方向，另外不到一半的人「只」看到逆時鐘方向，而剩下來能看到兩個方向交替的人，放眼望去，舉手已零零落落，明顯變少了。

所以，同一個程式展示出來的畫面，有人看到這樣，有人看到那樣，個別差異是很清楚的。我看到有一對夫婦坐在一起，一個只看到順時鐘方向，一個只看到逆時鐘方向，舉手時，兩人驚訝的互看對方。我開玩笑對先生說：「她不可能向你看齊！」太太笑得很燦爛；我又跟太太說：「他也不可能向妳看齊！」這下換先生得意了。我再補上一句：「你們更不可要求你們的小孩一定要附和你們個人的看法！」兩個人都頻頻點頭同意，小孩應該有自己的選擇。換我開心了，我的機會教育也算成功！

於是，我逢人就打開電腦展示女舞者，詢問他們看到了什麼？結果幾乎都是一開始順時鐘和逆時鐘交替旋轉，到後來只變成為同一方向的轉動。接下來的幾天，我在實驗室中，一直在思考我如何才能「再」看到逆時鐘的旋轉呢？我以前看得到，應該現在也看得到，只是被知覺系統選擇把它壓下來罷了。做為科學家，就必須去尋找可能的線索來指示我如何把被壓抑的知覺找回來！

我試著把眼光凝聚在女舞者身體的各個部位。先從頭部開始，看了一會，還是順時鐘，沒有用；看肩膀，也沒有用；往下看各個部位都沒有用。但忽然間，我恍然大悟了，我眼光的焦點都擺錯位置了：看一個人的旋轉，要看腳才是最主要的部位，因為腳不移動，其他部位都不可能做三百六十度的旋轉。那隻支撐身體的腳底才是關鍵！這個頓悟（insight）果然讓我找到一個方法，可以隨心所欲看到舞者順時鐘或逆時鐘旋轉，甚至可以「指揮」舞者向左轉、向右轉！哈！真是太棒了，太好玩了。

在接下來的一場演講裡，我對著將近兩百位聽眾展示這位旋轉的女舞者，當然先從個別差異的展示做起，等到大家都穩定的看到旋轉方向時，我問他們：「你們能在座位上指揮『她』向左或向右嗎？」大家一致說：「當然不能！」我就教他們把眼光凝聚在那隻支撐的腳上，然後看著腳尖的方向，對自己說：向左、向右、向左、向右。不一會兒，就有聽眾叫出：「真的耶，我能看到向右、向左的旋轉耶！」一下子，大部份的聽眾都學會了「指揮」那位舞者。我還告訴他們，只要眼睛一離開腳的部位，則又馬上恢復以前那「從一而終」的旋轉方向了。我讓他們試試看，一下子暴起了如雷的掌聲！他們覺得科學帶給他們的新知識太神奇了！

科學家找到了方法可以隨心所欲看到女舞者順時鐘或逆時鐘旋轉，甚至「指揮」舞者向左轉、向右轉，卻無法指揮旋轉中的椅子。圖片來源：曾志朗

科普教育是一回事，科學研究就必須回到實驗室做完整的控制。我們在嚴謹的各種實驗條件下，展示了人腳和旋轉知覺的關聯性，我們更用非動物性的椅子之旋轉來說明，只有對動物性（animate）的圖像才會有以腳為主的旋轉知覺。這可能是因為在演化的過程上，若看到其他動物只動手、動身而不動腳，那不過是虛張聲勢，但只要腳移動了，則撲過來的可能性就增加了，要打、要逃，皆在一念之間。

不久前，我拿起電話，找到了吳院士，告訴他我們的發現，並對他說：「謝謝你這位物理學家，讓我們這些心理學家可以用這女舞者的實驗證據來告訴所有的科學家，生命現象在現階段科學理論架構中，是不可被化約為物理現象來加以詮釋的！Psych-You-Out!」

奶水裡的飲食文化

文化的接續確是母子相連，讓人體會到生命演化的規律是如此美妙！

文化是一種生活的規範，也是個人行為的社會性表現，因此一個人的某種行為方式，如果符合社會文化面的期待，則顯得自然安適；相反的，如果和社會的期待有落差，則一舉一動都會引來旁人注目，甚至是帶有攻擊意味的「白眼」！所以，文化一詞雖然是個抽象的概念，但對個人的生活卻有著非常實質的效應。

一個最明顯的例子是二十年前我剛從美國回到台灣定居，到處可見騎著摩托車的騎士在來往車陣中搶道疾行，實在非常危險。那時候政府還沒有立法規定要戴安全帽，所有騎士的頭上毫無保護，在車群裡鑽來鑽去，偶爾看到有一、兩位騎士戴了安全帽，總是帶著興味研究那安全帽的樣式，感到那「打扮」很炫、很酷，有點鶴立雞群的獨特味道。等到政府立法強制戴安全帽也嚴格執法後，慢慢的，戴上各式各樣安全帽的騎士多了起來，蔚為一種風氣，再看到一、兩位騎士不戴安全帽，反倒不習慣了。這個現象反映出文化的影響力是很大的，特定行為模式一旦形成，就變成個人根深柢固的習性，總是自動自發且不由自主地對特定環境做出反應，如果不做，則渾身不自在。

文化深入人心，並操控著日常行為的現象，我們感受最深的當屬飲食文化中對某特定口味的嗜食習慣。剛到國外，對不同風味的異國美食感覺很新鮮，但幾餐下來，就開始覺得好像缺少了什麼，滿桌的自助餐點怎麼都不對胃口，再勉強挨幾頓，便忍不住到處尋找中國餐館。大多數曾經到歐美國家旅遊的人都會有相同的經驗，更甭提思鄉心切的留學生，想的都是哪條巷子、哪個街口的小吃。有些人更是三餐不聞米飯香，怎麼吃都覺得沒吃飽！所以出國旅遊，雖然旅行社安排了餐餐異國口味的美食，但皮箱裡卻塞滿了家鄉口味的泡麵，不是為了省錢，而是讓口舌重溫家鄉的味道。

我有一位朋友是湖南老鄉，出門身上一定帶一小袋辣椒末，每一餐總是抓一點灑在菜飯裡，很滿足的享受著，我也放了一點在碗內，辣得我眼淚鼻水不停，每一道菜都只有一個味道，就是辣！另一位朋友更絕，總是帶著一小罐鎮江醋，也是每一道菜都淋上一些，都說好吃，我當然也如法泡製一番，但每道菜也都只有一個味兒，醋酸！

吃不得辣的人總是無法免俗問嗜辣如命的人相同問題：「你怎麼能吃那麼辣？什麼時候學會吃辣椒的？」我一邊擤著鼻子，好奇問這位湖南朋友。他眨眨眼，毫不思索就說：「我們湖南人，在媽媽的肚子裡就開始學吃辣了！」這個回答看似平常，也有點玩笑味兒，卻充滿了科學的意含。難道一般我們認為在後天社會化過程中才可能學到的文化習性，竟然可以在媽媽子宮內就養成了嗎？

我覺得這是個很有趣的問題，也一直放在心裡。很巧的，不久以前，接到國際心理科學學會（APS）的預告，將在今年（二〇一〇）五月舉辦的年會上，邀請一位非常優秀的生物心理學家孟妮拉（Julie Mennella）博士擔任主題演講者，孟妮拉十年來做的一系列研究，就證實了奶水文化傳遞機制。

孟妮拉在十幾年前芝加哥大學的博士論文就以非常嚴謹的動物實驗，證實了哺乳類雌性動物的羊水若滲有某些特定的口味，出生後的小動物便會產生趨向那個特定口味的偏食行為。她進一步的實驗又證實了同樣的偏食行為，也會透過吸取雌性動物的奶水而建立。接著，她再以人類為實驗對象，也證實了小嬰兒不但從媽媽的哺乳行為中，吸取了維護生命的奶水，更從奶水中傳承了媽媽的飲食偏好！這個結果很有意義，因為文化的接續確是母子相連，讓人體會到生命演化的規律是如此的美妙！所以這篇論文一發表，就得到美國國家研究服務獎（National Research Service Award），而因為這個研究結果，也啟動了一系列和飲食習慣及食物成癮的前瞻性研究，對嬰兒食品產業產生了深遠的影響。

孟妮拉博士很快的就展開嬰兒如何透過奶水建立不同口味的研究。她自己是義大利裔的美國人，所以對大蒜的口味特別偏好，她的實驗發現，無論哪種哺乳動物（包括人在內），都很容易透過羊水和奶水建立對大蒜的偏好，可能是大蒜有殺菌的作用，而小動物從媽媽身上學會尋找大蒜的味道，具有演化的利基。

在做這些實驗的過程上，奶水（或羊水）中加某一口味的化學成份，必須要請專業的品味師（有如品酒師）來確定其中口味是否就是所要表達的，同時也必須在沒有添加化學成份的控制組奶水中確保沒有口味。有一次在品嚐控制組的奶水時，品味師感到其中一瓶母奶有發酵的味道，仔細詢問那位給奶的媽媽，發現她在擠奶前的一個小時喝了一罐啤酒，這意味著喝酒的媽媽會把酒精傳遞給吸奶的嬰兒。這個偶然的發現使孟妮拉博士趕快設計實驗，建立嚴格的控制程序，比對實驗組和控制組奶水中的變化，果然再次確定酒精會透過奶水進入嬰兒的肚子裡。這是個很重要的發現，對酗酒的媽媽當然有警惕作用，也讓保護嬰兒福利的機構據此立法來規範母親的飲酒行為。

這一連串的實驗讓我很好奇，嬰兒把奶水吸在口

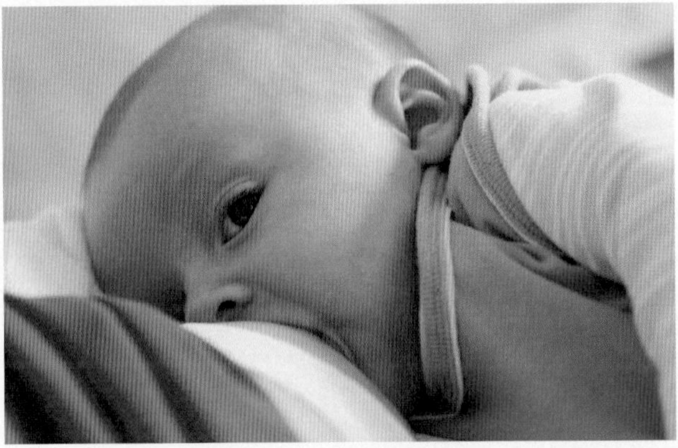

後天社會化過程中才可能學到的文化習性，在媽媽的子宮內就已養成。嬰兒不但從媽媽的哺乳行為中，吸取了維護生命的奶水，更從奶水中傳承了媽媽的飲食偏好。圖片來源：達志影像

中的感覺到底是怎麼回事？他們只是接受奶水的口味而不加以區辨嗎？當然不是！研究說明，他們會喜歡甜的，也會喜歡鹹的味道。但他們所吃的嬰兒食品，我們吃一口就會感到好苦、好難吃。不相信？你可以到超市買一瓶來嚐嚐看！有兩種，一種像我們平常吃的牛奶加乾穀，沒什麼味道，但可以接受；另一種經過處理，聲稱可以幫助嬰兒消化得較快，以吸取更多養份，但只要你吃一口，很可能馬上吐出來，奇怪的是，初生嬰兒卻甘之如飴。研究者讓嬰兒食用這兩種食物，發現兩種他們都可以接受，但吃前一種比較會成習慣，不容易再接受另一種，而吃第二種的，就比較容易換別種口味。這些研究當然吸引嬰兒食品產業，因為商機無窮，每個媽媽都會掏出萬金來討好嬰兒的口味的！

那辣的呢？媽媽口中的辣，到了奶水中已經是微辣了，嬰兒是可以接受的。但建立吃香喝辣的口味之後，那湖南騾子脾氣是否也就跟著來了？這論點純屬臆測，尚待求證！

謎樣的雙眼vs.神秘的笑容

我的眼睛正視蒙娜麗莎的眼睛，她嘴角的微笑確實神秘，我的眼睛下移，正視她的嘴唇，乖乖！神秘不見了。

長途飛行，有時候要飛十幾個小時，只能坐在座位上，不能自由自在走動，對我這個生性好動的人來說，真是很難受。幸好，我平日養成閱讀的習慣，喜歡看偵探及武俠小說，遇到精采處，全神貫注，有如入定修練，全然忘記周遭的孤寂。但機艙裡的閱讀燈，雖然就在個人座位上方，亮度仍然不足，而且燈照的範圍有限，再加上老花眼，眼睛很快就累了，眼酸催人眼。好吧！就閉目養神小睡片刻。但身體不能翻向這邊，也不能彎向那邊，綁個安全帶在小腹上，直挺挺的，怎麼也睡不著！

打開座前的電影螢幕，戴上耳機，選了《史瑞克4》來看，覺得現代的電影科技真是高明，動畫的真實感比早期迪士尼動畫電影上的人物（如白雪公主與七個小矮人、灰姑娘、小飛俠等等）強多了，嘴巴的位置和發出的語音配合得令我這個研究人類語音知覺的科學家不得不肅然起敬，因為嘴巴的發音形狀如果不對，很多音是聽不準的。例如螢幕上的人物，嘴巴若是一直張開沒有閉起來，即使電影裡發出的音是 /ba/，觀眾還是會聽成 /da/ 音，所以當我看到費歐娜叫史瑞克時，嘴形是先小圓再張開時（發/r/音要小圓，發 /rei/ 音就要張開），對費歐娜的「人化」就更有感覺了！

但費歐娜和史瑞克在電影裡再怎麼人化，仍然不是人，這就像人工智慧再高明，和人類的「自然智慧」就是不一樣。所以在動畫世界裡，「擬人化」的條件是什麼？這個問題不但有科學上的意義，更重要的是它在媒體廣告上有特殊的應用價值。舉個飛機上的例子。

以前搭飛機，起飛之前，空中小姐總會現身解說安全帶如何扣、解，氧氣罩在緊急狀況時怎麼使用，萬一發生空難掉落水中時，救生圈如何吹氣等安全措施，讓乘客倍感親切。但現在很多國際航線飛機都用電視動畫來取代真人示範，很多乘客幾乎不曾仔細看螢幕上的解說，這其實是很不合乎飛航安全規定的。如果動畫裡的擬人化解說員能更逼真一點，也許乘客的接受度會更高些？

我一下飛機，馬上打電話給我一位專門研究3D動畫的電腦專家朋友。他一聽我談起飛機上乘客容易因動畫取代真人解說而忽略綁安全帶的事，大表同意，還列舉許多「因廣告動畫人物擬人化不足，導致消費者信心大打折扣」的案例。

「既然如此，為什麼還要動畫？直接請真人拍廣告片不就得了？」

朋友在電話那頭，愣了一會兒，罵了我句書呆子後，說：「你難道不知道用真人很貴、用偶像更貴！而且都用真人，我這個專門研究3D動畫的人，不就要失業了嗎？」

我還是不死心，繼續追問：「那怎麼辦？」他大笑一聲說：「我們可以把動畫裡的人，加上『人』的因素呀！你是認知心理學家，總知道該怎麼做吧?!」他等著我回答，但我不知道如何回應，僵在那裡，他以同情的聲調說：「算了，專業不同，也不必讓你猜來猜去了。我們收集了一『拖拉庫』的人類表情圖像，製成模型，有眼睛的各種神情，也有鼻子、嘴巴、眉毛、額頭、下巴等種種肌肉牽動型態，就像警局偵察小組建立的人臉資料庫一樣，但更精細。

「我們也從你們這領域的研究中得知，當我們把這些拼湊出的真人臉部表情融合在創造出來的動畫人物中，只要佔有百分之六十以上的比例，一般觀眾就會感受到人物的真實性；而且根據調查結果，它們獲信任的程度也會比一般卡通人物增加許多。我的工作就是寫出更好的圖像融合程式，使動漫人物的擬人化程度更能為電視前的觀眾接受，增加廣告的行銷效益，所以我的程式是很值錢的！」

看他講得那麼得意，本於認知專業，我忍不住又追問一個問題：「那你在做圖像融合的過程中，有沒有發現人臉的哪一部份表情，對擬人化程度影響的比例最大？」

朋友果然不敢小覷而嚴肅了起來：「這答案其實不簡單。嚴格說來，每個部位都重要。嘴形固然表達了喜、怒、哀、樂，卻也不能忽略鼻子的抽動，點出了『俏』不『俏』的模樣，眉毛的驚奇、憂慮和沉思，更是顯現出『心事誰人知』的探究指標。最有趣的是，額頭的微妙挑動是模擬打瞌睡成功與否的關鍵。但是！但是！但是！眼神的開朗或陰鬱，卻是最能打動觀眾的靈魂所在。所謂美目倩兮，含情脈脈，盡在眼中！所以，眼神確實是佔了最大的比重。」

講得真好，我聽得也滿感動的，但對他的得意也有點受不了，就問了一個自認為很有學問的問題：「如果眼神那麼重要，那你如何模擬蒙娜麗莎的神秘微笑呢？」

只聽得電話那邊一連串大笑的聲音，還夾雜著咳嗽喘息，朋友有點指責的說：「你這是在考我嗎？蒙娜麗莎微笑的神秘來源，不是她嘴角的模樣，而是達文西這位偉大畫家利用幾層調配的顏色，讓嘴唇部位看起來陰暗一些，又利用較鮮明的顏色使她的眼睛變得更媚麗更吸引人注意。所以當我們看到她的畫像，我們的眼睛正視著她的眼睛時，用的是視神經中負責高頻率處理的神經細胞，很精確、很細緻，但同時我們卻用眼角餘光（周邊視神經）去處理嘴唇部位的低頻率顏色訊息，造成曖昧不明的動感。你只要把眼睛正視蒙娜麗莎的嘴唇部位，造成處理高頻率的視神經不會去處理低頻率的陰暗顏色，蒙娜麗莎的嘴唇就是嘴唇，一清二楚，不再閃爍，整個神秘感就不見了。不信？你去試試看！」

一個人眼神的開朗或陰鬱，是最能打動他人靈魂之所在。蒙娜麗莎神秘微笑了數百年，謎底竟是觀畫者和她那雙謎樣雙眼交會的結果？

圖片來源：http://upload.wikimedia.org/wikipedia/commons/e/ec/Mona_Lisa%2C_by_Leonardo_da_Vinci%2C_from_C2RMF_retouched.jpg

他說的這些話，我其實幾年前在期刊上讀過，哈佛大學醫學院的利文斯敦（Margaret Livingstone）有專門的論述，但一直沒有機會親自驗證一番。為了逗他，我就說：「照你的說法，讓蒙娜麗莎微笑顯得神秘的，其實不在她嘴角的形狀，而是看這張畫的人的兩種視神經作祟的結果。達文西在幾百年前畫了這張畫，那時候對視神經的兩種型態都還不了解呢！他怎麼可能會去運用這樣的知識呢？」他馬上回答：「達文西做過許多動物解剖的工作，也做過牛的眼睛實驗，知道光線透過瞳孔，反映了倒過來影像，他做了那麼多雜七雜八的實驗，也許早就發現那兩種型態的視神經細胞呢！」

我不敢說達文西有沒有發現這兩種視神經細胞，應該是沒有。但他從經驗中發現不同顏色在畫布上有不同穩定度，絕對是可以肯定的。無論如何，我從和朋友的一通長途電話中學到好多新知識，洗去了一身疲憊，換來對研究的好多想法，是很痛快的一件事，雖然那通長途漫遊電話花掉了我四十五美元，值得！

在國外開完會回到台北，第一件事就到中正紀念堂欣賞正在展出的蒙娜麗莎（雖然是複製品）。站在畫前，我的眼睛正視她的眼睛，她嘴角的微笑確實神秘；但我的眼睛下移，正視她的嘴角，乖乖，神秘不見了。達文西真是太偉大了！我能親身驗證這項知識，真是太幸福了！

姿勢決定論：艾菲爾鐵塔有多高？

人們對外在事物的判斷，竟然會因為身體的左傾或右傾而產生低估或高估的現象。讓人不得不懷疑，真有「自由意志」這一回事嗎？

很多人有過這樣的經驗，尤其是離鄉背井多年再回故鄉的人，都會感覺家鄉好像變小了，總記得以前由家裡到鎮上的每一個地標（車站、學校、警察局、農會、鎮公所、市場等等）要走好遠，怎麼事隔多年，它們都移到離家很近的地方，彷彿整個城鎮都縮小了。我研究所畢業後到美國留學、教書，再回到故鄉，放下行李後的第一件事就是趕去傳統市場，吃碗在異鄉念茲在茲的牛婆炒米粉，再來盤粉腸、魚肉卷和紅糟肉。由家裡走出去，以為要走一大段路，但才走了幾步路就到了！我停下來看看市場四周的店鋪，一間間的店面都沒有變，確定自己不是在做夢。

我趕快把炒米粉囫圇吞下肚，滿足相思的情懷，迫不及待到鎮頭看看巴洛克風格的火車站，順便探望一位已成名中醫的老同學，又到鎮尾向堂伯請安，然後轉頭走到郊外的中學拜會一位國文老師。我走東走西，重溫故鄉的人情，思憶過往成長的點點滴滴，回到家裡，近鄉的澎湃情懷慢慢退去，才忽然想起，怎麼一下子就走完了全鎮？小時候，每個地點好像都很遠，去市場要跑很久，去中學還得騎腳踏車。如今才不到兩個小時，我已走遍夢裡的故鄉，感覺上好多回憶都蒸發了，有些惆悵！

這是怎麼一回事？是異國思鄉的情懷把所有事物都誇大描繪，還是在真實中，故鄉如舊，但我變了——長高了，腳長了，步伐大了？點與點之間的距離當然和以前一樣，但我走路的速度加快，跨出去的每一步距離，比之小時候當然也變大了，所以整個鎮容的影像因此而縮小了。人對世界的感知和判斷，其實和我們的「身體」狀態息息相關。

找一位四歲的幼兒，和他做一個遊戲，就可以清楚觀察到這樣的現象。在他面前的一張小桌子上，擺放很多長條狀的小積木，告訴他一起來玩造籬笆遊戲，看他能不能以及如何把小積木排成一排。我們先放兩根小積木做籬笆兩端的定點，然後要他在這之間將一根一根的積木排列放好，形成籬笆。

這遊戲很簡單，大部份的小孩都能很快搭好籬笆。假如我們擺在兩端的小積木是和桌子的邊緣線平行，由於小孩身體貼著桌邊，和這兩根積木也是平行的，他會毫無困難的造出一排和桌邊平行的籬笆，原因是身體和小木柱的走向呈平行，是很好的參考點。這是生物系統的一部份，不必教，小孩自己就會的。但只要我們改變遊戲的方式，破壞參考點的穩定性，就會使小小工程師的築籬工作因為這小小的改變而走樣了。

把剛剛完成築籬工作而得到獎勵的四歲幼童請回來，讓他再築一道籬笆。我們仍然先擺好兩根小積木，但讓它們的連線不再和桌子的邊緣平行，而是形成一個大角度，這時候，就會看到小孩築籬時很有趣的過程。小孩的身體貼在桌邊，胸線和桌沿平行，他和前一次一樣拿起積木由這一頭往另一頭一根一根擺過去，開始的幾根是和桌沿平行的，但過了中間點後，他忽然警覺繼續排下去將接不上另一頭，就開始轉彎成弧形。不過受到身體和桌沿平行的影響，又會不由自主往平行的方向排過去，然後又調整成弧形。最後形成一排先直後彎，再有一小段和桌緣平行的直線，再彎回去，終於銜接上另一端的小積木。

籬笆完成了，可是又直又弧，連小孩自己都不滿意，但就是無法改進。這個實驗等小孩到了五歲後，智力成熟一些，就能擺脫自己身體下意識的掌握，以投射幾何的概念去築一道非常直的籬笆，而且不受兩端積木擺設的方位所影響。

其實我們對外界事物的感知和記憶，深受個人身體的狀態影響，在生活的各個層面都可以找到例子。在同一個教室上課和考試，成績會比臨時移到另一個教室好多了，就像原車原場地考駕照，通過的機會就高出許多。珠算高手在做心算時，把他兩手的手指頭綁住，速度就慢下來了。還有，我有個同學，上課時習慣用手托著腮幫子，就像在做白日夢，所以老是被點名起立複述老師上課的內容，他站起來，把手放下來，說什麼都不記得，老師叫他坐下，他手一托起，就能把老師的話重複一次，而且一字不差，老師常說他是靠腮幫子而不是靠腦袋瓜的人。仔細觀察，我們「身」邊的這類故事是很多的，也許這才是天人合一的概念。

但更微妙的是身體內化外界事物所形成的抽象表徵，也會影響我們的判斷。最

估算艾菲爾鐵塔的高度，會因身體的動態而有所不同嗎？圖片來源：姚裕評

近我在荷蘭的一些認知心理學的朋友，寄來一篇他們剛發表在知名期刊的研究報告，發現人們對外在事物的判斷，竟然會因為身體的左傾或右傾而產生低估或高估的現象。讓我不得不懷疑，人真有「自由意志」這一回事嗎？

這篇研究報告只有兩個實驗，實驗程序和實驗變項的操弄都很簡單，想要解答的問題也很直接了當：人在站著的時候，不自覺的左傾或右傾真的會影響個人對數字的感知嗎？

為什麼會提出這個問題呢？數字的概念不是抽象的嗎？難道我們對101大樓高度的估算會因身體的動態而變化嗎？科學家問這樣的問題，會不會有點異想天開呢？

其實這個研究議題並非科學家隨機起意或沒來由的假設，原來在文獻上，有將近三、四十年的研究證實，人們對數的概念像是一條逐漸由小依序變大的心象（mental image），且由左向右一直排過去。也就是說，人們會把小數字放在左邊，把大數字放在右邊，因此如果出現在左視野的數字是小的，人們的認知反應就比出現大的數字來得快；反之，出現在右視野的大數比小的數字容易被感知。

根據上述的數字心象論述，這幾位荷蘭的研究人員就設計了兩個實驗，要受試者站在一個任天堂公司出產的Wii平衡器（Wii Balance Board）上，這平衡器可以記錄受試者站立時的傾斜度，也可以暗中操弄，使受試者不知不覺的向左或向右傾斜兩度。受試者一直被要求直立，而他們也一直感覺自己是直立的。研究者安排了三十九個問題，例如要受試者去估算某個建築的高度，或某個城市有多少個教堂，或世界上有多少種語言、一頭象有多少公斤等等。

受試者站在Wii平衡器上，一一去估算出每一個問題的數量，研究者也把答案一一登錄下來，以轉換成Z分數的平均數做為統計分析的數據。第一個實驗所提出的問題，答案估算值有很大的，也有很小的，而第二個實驗的問題，答案估算值就集中在1～9之間。兩個實驗的結果相當一致：和直立時比較起來，都顯現了左傾時會低估而右傾時會高估的現象，但前者達統計的顯著水平，而後者確有高估跡象，但沒有統計的顯著意義。如果比較左傾時和右傾時對艾菲爾鐵塔的估算，前者比後者低估了十二公尺，而這個差異是顯著的！

人體的姿勢竟然會影響對數量的估算，表示人在生物體系中的存活，尚未因抽象意念的提升而脫離「體」的掌控，但「心」的自由度也確實在增進中。至於「靈」，還早！孫悟空再大的本領，仍然跳不出如來佛的掌心。只得再去修練了！

腹中藏秘：夜行蝙蝠的吸能大法

科學研究揭示的真實世界，經常令人歎為觀止；知蝠惜蝠，才有福！

今年（二〇一一）一月底，應澳洲雪梨的麥夸利大學（Macquarie University）之邀，為他們剛成立的語言與腦科學研究中心正式啟動，說些祝福的話，也順便做一場學術演講，報告我們兩個跨國實驗室合作的研究成果。因為碰到週末，又逢舊曆年的除夕，多出了幾天假期，我就先飛到澳洲南部的墨爾本大學，去拜會澳洲科學院的院士沃克斯（David Vaux）醫生。他在生醫科學界非常有名望，也是國際科學理事會（ICSU）的成員，和我同為科學行為自由與責任委員會（CFRS）的委員。

但打從一月中旬，澳洲東北部暴雨成災，洪水淹沒了好多土地，破壞了廣大的海域，連大堡礁都不能倖免。西岸則是高溫乾旱，熱風陣陣，引發山林大火，蔓及許多民宅。而我在墨爾本的那幾天，雖然行前對炎炎夏日心裡有數，卻沒想到氣溫竟然天天高達攝氏四十度。全球氣候變遷之怪異現象，我在那幾天都經歷到了！因為太熱了，大衛警告我上午十點之後最好不要外出，但他怕我無聊，就提議早上六點鐘到他家後面的「黃河」（河流呈沙黃色！）划獨木舟，趁天氣還涼，可以順流一直划到墨爾本市，看看兩岸的風光。我這人喜歡運動，而且沒划過獨木舟，一定很好玩；再說，南半球的草木應該有不同的風貌，老遠飛來一趟，當然要仔細欣賞。

大衛的家在河岸的山坡上，我們從後院把兩艘獨木舟抬到岸邊，輕輕順水流放下。大衛派他十三歲的女兒和我共划一艘，做我的護衛者。我笨手笨腳的，上船時差點翻倒獨木舟，划槳時也濺了一身濕透。但看她小小瘦瘦的，卻是一槳在手，靈活自在，左右兩手交替，一邊用力，另一邊就輕輕划過，一下子獨木舟就安安穩穩，慢慢往下游蕩去。我坐好姿勢，漸漸也進入狀況了，兩手的動作越來越順暢，也有閒情看兩岸的風景了！

乖乖！兩旁尤加利樹高聳入天，連綿不絕，好不壯觀！我開玩笑的對大衛的女兒說：「會不會看到無尾熊啊？」她大笑：「不會，但你會看到『別的東西』！」我很好奇，張大眼拚命看，用力找。只看到遠遠的樹枝掛著一包又一包的果實，每一枝杈都掛滿了一整排，真是多產！可是一想，不對呀！沒聽過，也沒讀過尤加利樹會長出那一包包倒心形的果實。正要開口問我的女孩護衛，忽然看到附近岸上一棵大樹頂端掉下了一包果實，而且朝著我們這邊砸過來。眼看包裹即將掉到我們頭上，忽然「飛」走了，翅膀一展，好大一隻烏鴉！再仔細一看，不是烏鴉，是好大一隻蝙蝠！

我再抬頭看個分明，那一大片樹林上密密麻麻的「果實」，竟然是上百、上千、上萬的大型蝙蝠，都倒掛著在做「白日夢」呢！世界景觀，真是無奇不有，而我在過年時節享受到千萬個「福到了」的實景，今年非發不可！上岸之後，我衝到大衛的面前，指著樹上那些果實，對他說：「I had a "fruitful" of luck!」並告訴他「福到」的民間吉利話由來。他說，那我們都祈禱福到澳洲了。

平生頭一遭看到這種奇景，我滿腹問題，馬上問他：「牠們怎麼大小解？」他是位標準的澳洲人，從小生活在自然中，非常融入，常識很豐富，又很幽默，馬上警告我：「奉勸你白天不要在高大的尤加利樹下行走，小心熱帶雨！」我又追問：「那母蝠如何產子？」他看了我一眼，確定我是正經八百的問一個很嚴肅的問題，就說：「根據《國家地理》雜誌作者的觀察，這樹上雌性蝙蝠在生產的時刻，要翻身、直立、利用地心引力擠出小蝙蝠，然後……，再翻身展

兩旁尤加利樹高聳入天，長出一包包倒心形的果實，忽然看到附近岸上一棵大樹頂端掉下了一包果實，而且朝著我們這邊砸過來，眼看包裹即將掉到我們頭上，忽然「飛」走了。圖片來源：曾志朗

開翅膀把小蝙蝠捧住，使牠不摔下去，厲害吧！」我不知道他是否在唬我，但他是研究科學「誠信」的科學家，姑且信之，將來再去查證一番！

那天傍晚，參觀大衛的新實驗室，也和其他研究者交換了彼此研究的心得後，就回旅館稍事休息，再隨同大衛赴他朋友家去吃道地的澳洲烤牛、羊排。酒醉飯飽，正談得高興，大衛在八點五十五分左右，把我拉到院子，指著還很明亮的天空預告說：「再五分鐘，就來了！」我摸不著頭緒，不知他在說什麼，但主人和所有客人也都很有默契一起走出來，說：「好準時，每晚九點整，牠們就飛離樹上，到各處覓食去了。」

果然，天空一下子烏雲滿佈！但晴空萬里，哪來烏雲？原來是成千上萬的黑蝙蝠集結在天上，成群的飛過去，一群又一群，把天空都遮住了。我看呆了，好一陣子說不出話來！轉頭問大衛：「牠們這樣要在天上飛多久？」大衛的小女兒搶著回答：「要整晚哩！要花七、八個小時找尋食物，吃飽了，到了白天，又回到樹上去倒掛著睡！牠們是日落而出，日出而息的勞動族，不用打卡，不必點名，自動自發，比我們學生還乖呢！」

我好奇的是，展著雙翼，一上一下不停的飛動著，是很消耗能量的，以牠們小小的身體，如何產生足夠的能量，以供維持七、八個小時的運動量呢？跑馬拉松的人，都知道保持能量的不易。我把問題拋出來，以為會難倒大衛。想不到這位學識淵博的醫生馬上有答案。他拿出iPhone上網，找到去年十月《生態》（*Ecology*）雜誌上的一篇研究報告。這會兒，我知道他不是唬弄我的。

德國萊布尼茲動物園與野生動物研究所（Leibniz Institute for Zoo and Wildlife Research）的研究員沃伊特（Christian Voigt）和研究夥伴，利用巴拿馬附近捉到的小牛頭犬蝠做實驗，以高科技的精密儀器，測量牠們在捕食到昆蟲之後所呼出來的二氧化碳中的碳離子比例，發現這些蝙蝠的消化系統很特別，不但能吸收血糖的能量，也能把吃下去的昆蟲裡的蛋白質和脂肪能量直接吸為己用。做個有趣的比喻吧！也就是說，牠們可以直接把其他昆蟲所練成的功力，直接就接收過來，有如金庸小說所描繪的吸星大法！科學研究揭示的真實世界，經常令人歎為觀止。

台灣很多地方也有蝙蝠出沒。在瑞芳海岸附近，有個蝙蝠洞，七月的時候會有為數眾多的蝙蝠，在下午四點左右齊飛而出，形成觀光奇景，就像澳洲墨爾本的蝙蝠林。但希望觀察牠們出洞的遊客們要耐心等待，切勿在牠們做白日夢時攪擾牠們，這才是功德無量。

知蝠惜蝠，才有福噢！

Part 3

破今古之格

站在歷史的肩膀上，科學人看得更遠

左晃右搖，舞動生命的規律

科學問題若想得到解決，跨領域、跨校、跨區的研究合作，是趨勢，也是一種必然！

我是很忠實的雲門迷，只要有演出，我一定排除萬難，想辦法去觀賞。有時候會看得很累，因為樂聲舞姿總會激起我太多的認知反應，移動的畫面轉成五光十色，呼喚著我大腦裡的鏡像神經元，產生與之共舞的渴望。最讓我感動的是一幕幕的表演都是文化的暗示，即使台上空無一物，樂聲忽現，舞者靜靜凝視，我的想像卻都是歷史的回憶，水月，竹夢，行草，九歌，薪傳渡海先民的前仆後繼，還有輓歌的孤影動人心魄。那沉默無聲的肢體，實則喋喋述說一則則豐富的生命意涵。

我為什麼會有這麼超乎熱情的反應？不外乎是我太以懷民、曼菲和這群舞者為傲，以他們所創造的作品為榮，但最主要的是我自己喜歡動，喜歡在美好的音樂中左搖右晃，自得其樂，也很喜歡看別人的「動」，尤其那些漂亮優雅、乾淨俐落的動作，總讓我激賞不已！短跑健將衝刺的勁道和雙腿的協調，跳高選手過竿挺背收腰的弧度，體操選手的彈跳及挑戰體能的空中翻轉；足球「高」腳盤球過人，翻身射門，頂球入網；籃球高手飛身灌籃，百步穿楊投籃……等等都讓人賞心悅目。所以奧運的時候，很多人直把眼睛貼在網路轉播的電腦螢幕上：對美不勝收的肢體動作，怎能拒絕?!問題是什麼才叫「美」的肢體動作？它為什麼這麼容易引發觀者的讚嘆並投射成為一種著迷？

從演化理論的觀點，舞蹈的美姿和性（求偶）的選擇（sexual selection）是息息相關的。達爾文是第一個提出這個想法的人，他當然也從動物行為的觀察上，提出相當多間接的證據來支持他的看法。譬如說，雄性動物的美豔展示以及牠

我喜歡動，喜歡在美好的音樂中左搖右晃，自得其樂，也很喜歡看別人的「動」，尤其那些漂亮優雅、乾淨俐落的動作，總讓我激賞不已！但歌要唱得好，舞要跳得姿態迷人，大腦必須要能掌握神經通路之間的協調，才能使身體各部位機件（包括喉頭內的肌腱）的時空整合，表現得平穩順暢。圖片來源：許碧純

們走路、跑步、跳躍的剽悍威姿，確實是求偶的有利條件。然而，要如何才能客觀的去界定雄偉的肢體動作，達到量化的目的，其實是相當困難的。

身體的高大和重量，都可目測得之。物理上的量化指標，除了身高體重之外，體型比例也很容易量出來。但動作協調的品質，和「跳得好不好，舞得妙不妙」的判定，就不太可能在動物的研究中得到答案了。無法做出令人滿意的美姿指標，就不能奢談它和性選擇之間的確切關聯。那達爾文的看法再好，就是符合所有人表面的印象，也不過是個有趣的看法而已！

還好，科學家對這樣有意義但又有困境的問題是不會放棄的。為了突破「舞蹈動作品質難測」的瓶頸，在美國東部紐澤西羅格斯州立大學（Rutgers, The State University of New Jersey）的一群人類學家就結合了在西部西雅圖華盛頓大學一群做電腦動畫的研究者，做了一個非常精采的跨領域研究，用實證的數據，經過了嚴格的統計檢驗，提出相當令人信服的證據，支持了達爾文的看法。他們的研究顯示，人類舞姿的優異品質，確實會引發異性的愛慕！

首先，也是最關鍵的，就是要找到一個很清楚的指標，用來做為量化身體動作協調品質的基礎，所以研究電腦動畫的專家就扮演了很吃重的角色。他們要設計出可靠的軟體程式，可以準確擷取舞者的動作（motion capture），而不受到舞者本身因素（如髮型、臉形、性別、服裝等）的影響。研究者先讓牙買加（那裡的居民幾乎是生活在音樂和舞蹈中，可以說個個是天生的舞者！）一百八十三位舞者，每一位都在相同的音樂、相同的攝影機前跳一分鐘的舞，然後動畫專家以他們設計的程式去擷取每一位舞者的動作基型，然後去計算每一位舞者的手肘、手腕、膝蓋、腳踝、腳、手的中指、小指、無名指及耳朵的相對位置。

接下來，再比較身體左右兩邊的這些相對位置，就可以得到一個所謂的波動性不對稱（fluctuating asymmetry, FA）值。FA值越高，表示舞者在跳舞時，身體兩邊的平衡穩定度越差；反之，則舞者表現身體動作的穩定度非常好。

有了這一百八十三位舞者的FA值，就可以就他們舞蹈的擷取動畫影片中，選出二十個FA值高（十位男舞者，十位女舞者）的影片，和二十個FA值低（也是十位男舞者，十位女舞者）的影片。然後讓另外一百五十五位牙買加的舞者去觀看這四十段影片，並對每一段影片中的舞姿，根據「美或不美」的量表去做評估，這些評量的數據就可以用來檢驗「舞姿的品質會影響性選擇」的假設了！

在動物的世界裡，如果有某一種動物，其教養下一代的責任都落在雌性動物身上，而雄性動物的負擔很小的情形下，我們會觀察到雌性動物對雄性動物的選擇就非常挑剔，而雄性動物就會在各種外形展示上表現得奇豔顯目。因此，這一群研究者便推斷牙買加男性舞者的舞姿品質會特別重要，而女性評估者對舞姿品質的要求會很在意。

統計檢驗的結果，確實證實上述兩個推論。男性舞者的FA值越低，被評為舞姿美妙的程度就越高，而且變異數分析也顯示這是個重要的因素（佔百分之四十八）；女性舞者的評量數據也得到同樣的結果，只不過變異數分析結果指出其重要性就大為減低（只有佔百分之二十三）了。

在兩性的交叉比對上，也出現有趣的結果，即女性評量者對男性舞者的對稱表現非常在意，而男性評量者對女性舞者的對稱性卻一點也不在乎。更有趣的是FA值很高（平衡穩定度差）的男性評量者，自知求偶不易，因此對女性舞者的FA值就採取不同的判定標準，他們對FA值高的女性舞者反而給予好的評價。也就是說，舞姿不好的男性，因有自知之明，乾脆去追求舞姿也不是那麼高明的女性了。這些觀察，不是臆測，也不是想當然，而且根據統計結果所得出的結論，令人嘆為觀止！

歌唱、舞蹈，都是我們生活裡讓感情宣洩的行為，但歌要唱得好，舞要跳得姿態迷人，確實不是一件容易的事，大腦必須要能掌握神經通路之間的協調，才能使身體各部位機件（包括喉頭內的肌腱）的時空整合，表現得平穩順暢。這裡所測量到的ＦＡ值，也許就代表著整合成功的指標，對動物的生長穩定性應該有特別的涵義。

我由個人對雲門舞集癡癡的欣賞，輾轉談到舞蹈在生命演化的規律，其實是要點出我對文明進展的看法，更重要的是要提醒大家，科學問題若想得到解決，跨領域、跨校、跨區的研究合作，是趨勢，也是一種必然！

黑酒成黑金，也是出非洲記

我在圖書館的一角喝了一杯濃濃香醇的咖啡，含在口裡的卻是人類六百多年的歷史，好喝！

我喜歡旅行，喜歡輕裝便服，背起背包，就自由自在搭機飛到我嚮往已久終得一遊的大城小鎮，或踏青望春，或臨湖避暑，或滑雪尋梅，或在秋末入林，讓北國的紅葉隨風輕撫著漸白的頭髮。但無論到哪一國的哪一個城市，我最後總會走進當地的大學校園，去探索那個地區的文化特色，也藉著徜徉在黌舍幽徑之間，去體會那間大學所表現的文明深度。然後，晃著晃著，不由自主的就會走進圖書館，因為那裡才是大學最精華的所在，它的氛圍代表著那個學校的學術層次，也代表那個國家的人民對知識重視的程度！

兩年前的冬天，我到瑞典最古老的烏普沙拉大學（Uppsala University）參加一個學術研討會，並做了一場演講。六百多年歷史的校園在大雪紛飛中一片寧靜，古老的紅牆綠瓦鋪蓋上一層層乳白色的新雪，煞是好看。我坐在大學附近的一家咖啡館，啜著香濃的咖啡取暖，順口探問服務人員，大雪封城，我可以到哪裡去走走、看看烏普沙拉的特色？

那位年輕的服務生，手指向窗外不遠處高聳入天的建築，親切的說：「六百年前大學裡最早建造的大建築物是教堂，三百年前一把火燒毀了大半，市民很快的重建，所有的紋飾圖案都按照原樣，但換上了新技術開發完成的彩繪玻璃。對烏普沙拉的人民而言，那是我們的靈魂所在！」講完，他又指向另一方，告訴我在那一片松林底下藏有一棟平房：「那裡是大學最老的圖書館，你走進大門就會看到館的正中央有一個相當大的玻璃櫃，裡面放的就是鎮館之寶——一本哥白尼的原著《天體運行論》第一版，代表我們烏普沙拉的智慧！」心靈與智慧從這位服務人員的口中自然流露，當下讓人感受到這個城市的人民對文明的深厚品味！

我看了教堂，也在哥白尼那本古老但保存得很好的原著旁佇立良久，品嚐旅行者最高的樂趣。這個經驗也讓我回想到十幾年前到英國牛津大學訪問時的一段往事，我在那裡講學一個星期，最大的樂趣是去參訪各個學院的圖書館，翻閱各館的特別收藏。有一天走到拉德克利夫（Radcliffe）學院的圖書館裡，坐在一張古老的桌子邊看書，周圍擺了好多個非常古老的大型木製地球儀，有的已有百年歷史，但仍然可以順暢轉動，我抬頭看看四周，就在靠近內門旁、有著彩繪玻璃的窗子底下，也有一座透明的玻璃櫃。我走近一看，裡頭架著一本古騰堡第一版的大型聖經，古黃色的紙上有哥德式的文字，而插圖的顏色五彩繽紛，鮮明的色澤猶如新印。我再仔細觀察，發現原來是繡出來的，而且是用金箔的線條框起來，我那時的感受只有一句話：嘆為觀止！

1685年法國作家杜福爾出版的《誘人的咖啡、茶與巧克力之新論》（*Traitez nouveaux et curieux du café, du thé et du chocolate*）中的插畫，畫中三位人物中東人士、中國文官、美洲印第安酋長，似乎正代表咖啡、茶、巧克力三種飲食文化。圖片來源：http://books.google.com.tw/books/absout/Traitez_nouveaux_curieux_du_caf%C3%A9_du_th.html?id=6G4-AAAAcAAJ&redir_esc=y

也許就這樣養成了每到一個城市必定去看大學，而每到一個大學就必須去圖書館的習慣了。有一次，我有機會到美國匹茲堡的卡內基美隆大學（Carnegie Mellon University）去參加一個會議，那是一所在電腦與資訊科學都排名世界第一的現代大學，但是它的圖書館在人文學科的收藏也是很令人驚喜的。我晃進去的那一天，學生很多，但很安靜，我在特藏館看到了正在展示的一本書，是一六八五年由杜福爾（Philippe Sylvestre Dufour）所寫的一本有關飲食文化的書，比較了咖啡、茶、巧克力三種飲料引進美國的歷史。

我被其中一張大的插圖所吸引，圖中畫了三個人物，左邊坐著的是一位中東人士，頭上包著回教徒的頭巾，身邊就放了一壺咖啡罐，右手捧著一杯熱騰騰的咖啡；中間坐著一位清朝文官打扮的人士，在面前的小圓桌上，擺了一個紹興茶壺，右手舉杯，正氣定神閒的飲茶；最右邊站著一個美洲印第安酋長，頭戴著羽毛做的帽子，光著上身，打著赤腳，只穿著一件羽毛編成的短褲，他端起一大杯的滾燙巧克力，愉快的聞著它的香味。我覺得這張畫很有意思，它告訴我在一六八五年之前三種味道各有特色的飲料，已成為美洲殖民地達官貴人休閒的重要享受了。

我一邊翻閱書裡面的其他插圖，一面想著：巧克力是美洲土產，茶是中國來的，但咖啡是中東回教徒帶到美洲的嗎？我忽然覺得這是個有趣的問題，它代表了人類遷徙及航海貿易發展的歷史。做為一個科學人，一有疑問，想要解答的動機就不停的纏住我的心思。我開始上網查詢，也讀了許多好玩的傳說，其中之一指咖啡是因為衣索比亞高原上的牧羊人發現羊吃了一種植物後變得非常興奮活潑；另有一說則是由於一場野火燒毀了衣索比亞高原上的一片咖啡林，香味引起了附近居民的注意，人們後來發現這些果實可以提神，就磨碎摻入麵粉做成麵包，分發給出征的勇士，以提升他們的戰鬥力！

這種種傳聞已不可考，只能當成「杯」後逸事來談，但許許多多的記載確實都指向非洲是咖啡的發源地。最近科學家比對世界各地不同種類咖啡的ＤＮＡ，也證實了這個「出非洲記」的說法。我也從文獻中，找到了很有趣的咖啡「移民」的歷史。從一四五〇年到一七五〇年的三百年間，咖啡的兩個主要品種小果咖啡（阿拉比卡種）以及中果咖啡（加納弗拉種或羅巴斯塔種）開始了海上的漫遊；而且它的香味引起了學者的遐思，科學推論的大哲培根在一六二七年的一本書裡提到，在土耳其類似英國酒店的咖啡屋裡，賣有一種「黑酒」，名就叫咖啡，香味令人陶醉。

不久以後，第一家歐洲的咖啡屋開在商業鼎盛的威尼斯（一六四五年），五年之後英國牛津大學附近也開了第一家咖啡屋，到了一六六三年，英國已有八十家咖啡屋，五十年後全英國已經有超過三千家的咖啡屋了。英國人在北美設立殖民政府，第一家咖啡屋就開在波士頓（一六八九年），店名叫倫敦咖啡屋（London Coffee Home）。七年之後，紐約市也開了第一家咖啡屋，就是歷經數百年仍然香味引人的King's Arms咖啡店（一六九六年）。

紐約大學的一位朋友看我專心為咖啡聞香逐源，就指點了我一個迷津，告訴我不妨到華盛頓特區美國國會圖書館去看看，也許可以滿足我的好奇心。我利用一次到美國國會圖書館拜訪的機會，果然在那裡看到了一張一七一九年的航海地圖，圖上有兩個連在一齊的大圓圈，代表地球的左右兩個半球，左邊圓圈中是北美洲和南美洲，右邊圓圈中則擠滿非洲、歐洲和亞洲，它們的比例並不很正確，但相對的位置一點也不差。

最令人興奮的是後來的研究者根據這張地圖以不同顏色標示出咖啡的貿易圖，故事說的是荷蘭東印度公司從葉門的摩卡地區取得咖啡的種子，移植到它的殖民地印尼爪哇（一六九〇年），然後在一七〇六年又把爪哇的咖啡樹種在荷蘭阿姆斯特丹的植物園。一七一三年法國植物學家從阿姆斯特丹把咖啡樹帶回法國，做了第一個科學的解剖分析圖，一七二〇年一位法國海軍軍官把兩棵咖啡樹藏在船上，帶到了加勒比海的港口，雖然只有一株活了下來，但不久之後咖啡就長在海地（一七二五年）、瓜達魯普（一七二六年）、牙買加（一七三六年）、古巴（一七四八年）和波多黎各（一七五五年）；同一時期，荷蘭的另一艘船也帶著種子到了巴西（一七二七年）。如今巴西是全世界咖啡的最大輸出國，而巴黎左岸成為咖啡文化的聖地。望著這一張三百年前的地圖，我好像在時間機器中經歷了一趟香味撲鼻的旅程，真是享受！

你現在知道我為什麼那麼喜歡去圖書館了，因為在圖書館中有最大的寶藏，就是知識；但知識中迷人的地方，就是典故。當咖啡由葉門的「勇氣之源」，到開羅，到大馬士革，都稱為Qahwa，意思是「植物飲水」，到了伊斯坦堡，土耳其語就變為Kahva，傳到歐洲就有了「黑色金子」的封號了，表示越來越多的需求使它越來越貴，也表示有越來越多的人要靠它來提神了，我就是。拿破崙說得好：「一杯濃濃的咖啡使我死而復活，它有些苦，但卻苦得讓人痛快！」

最怕當然是喝到品質不好的咖啡，大文豪艾比（Edward Abbey）在一九八二年的書《隨波逐流》（*Down the River*）寫道：「我們的文化使用兩種液體，一為咖啡，一為汽油，最糟的事莫過於前者嚐起來像後者！」

圖書館是人類文明的縮影。我在館裡的一角喝了一杯濃濃香醇的咖啡，含在口裡的卻是人類六百多年的歷史，好喝！

時空分離現文明

不對稱才是常態，但當不對稱由個人的偏好演變成群體的風格，且在腦中形成特定的側化時，其生物演化的意含就非常清楚明顯了！

無可否認的，米開朗基羅的大衛雕像，是歐洲文藝復興時代最偉大的作品之一，代表至高的藝術境界。當時年僅二十六歲的米開朗基羅用了三年的時間，以和平安詳的神態，雕塑了這位聖經故事中的英雄大衛王。從一八七三年起，這座雕像就被置放在佛羅倫斯的藝術學院中，受到層層的保護，每年吸引了幾百萬名遊客來看「他」！很糟糕的是，一九九一年一個男性遊客像失心瘋一樣，忽然掏出隱藏在夾克裡的槌子，狠命攻擊大衛雕像，把一旁的參訪者都嚇了一大跳。等到這名男子被抓住時，大衛雕像的左腳大拇指已被敲碎一小塊，一座精美絕倫的巨作的完整性就這樣被莫名其妙破壞了。

人身體的兩邊雖然有相同結構，所要應付的環境條件卻不相同，各種不對稱現象於是形成。觀察入微的米開朗基羅注意到大衛雕像的男性生殖器底下兩顆蛋，而且連一大一小的不對稱形狀都雕刻出來了。
圖片來源：GNU FDL / Rico Heil

痛心之餘，藝術學院找來全世界最頂尖的專家為大衛修補大拇指，也藉這個機會把這座累積了幾百年塵埃的雕像徹底清洗一番。修補工作終於在二〇〇四年完成，真是天衣無縫、幾可亂真，但清洗時卻發生了一段有趣的逸事。清洗工作是交由院內的藝術家很仔細的除垢、水洗，再噴上最先進的保護大理石面的特定化合物。一切進行得非常順利，清洗過後，也真是如同剛完成的雕像一般，其中一位藝術家在欣賞清洗的成果時，非常得意的說了一段很有意思的話，大意是米開朗基羅真是觀察入微，注意到大衛裸像的男性生殖器底下的兩顆蛋，而且連一大一小的不對稱形狀都雕刻了出來，這不僅反映出他精確的人體解剖學知識，也展示大衛王是右利者的真實形象。

這個有關兩個不對稱形狀大小「蛋」的故事，經媒體一渲染，就變成當時社交場合流行的笑話，各種身體的不對稱現象也一再被報導。例如，女性的兩邊乳房大小不一；大多數人兩手的粗細都不一樣，而且力道絕對不同，靈巧度也有差別；每個人都是「大小眼」，而且左、右眼的視力也常常有不同程度的遠視或近視（我就是右眼兩百度，而左眼居然高達五百度，還加上散光！）；鞋店的老闆更是清楚知道，每個人左、右腳的大小是不同的！

這些不對稱一再提示我們一個事實，即相同的生理條件，並不意含一定會有相同的成長結果。人身體的兩邊雖然有相同的結構，但從小兩邊所要應付的環境條件是不會相同的，所以造成的生長結果當然也就不一樣了。舉個最簡單的例子，有人喜歡躺在床上看書，但檯燈擺在左後方或右後方，對兩眼的視力就會造成不等的影響。即使是同卵雙生子，各自成長歷程中所遭遇的環境不同，也會使他們的個性有所差異。

以上的這些左右不對稱是看得見的，但是這些不對稱可能每個人都不相同。有人右腳大於左腳，有人左腳大於右腳；有人右眼視力比左眼好，有人剛好反過來；有人笑起來，左邊唇角翹得高，也有人笑起來，右邊唇角翹得高。個人的不對稱很一致，但一大群人平均下來，則好像左邊大（高）於右邊，和右邊大（高）於左邊，剛好是一半一半。也就是說，上面所觀察到的不對稱，只有個人的不對稱，而沒有群體性的不對稱。但是手就不同了，個人可能是左利或右利，但就一群人而言，右利較左利的比率高很多，前者大概佔百分之七十五以上，而且左利的人通常會出現在左利人的家庭裡。這種一致偏向一邊的特質，加上遺傳因素，就意含著是生物演化過程中天擇的結果，換句話說，這個右利偏多的特質是被賦予一項特殊的功能，而這項功能和「人定勝天」的文明進展有關。

這樣的論述是有根據的，而最關鍵的證據來自人類語言發展在大腦的側化現象。簡單的說，人類的大腦分成左右兩個半球，而左手或右手的動作就剛好是交叉的由右腦或左腦所操控。人類在很早很早以前（可追溯到四千年前的埃及醫書），就觀察到大腦左半球受傷不但會引起右手癱瘓，同時也會出現失去說話能力的現象，而大腦右半球受傷，則左手會癱瘓，卻不會引起失語的現象。而且左腦傷、右手癱，同時有失語的情形，大多發生在右利人的身上；對有左利家庭史的人而言，就偶爾會出現左腦傷、右手癱，但語言毫無損傷的現象。

這些語言功能左側化的現象，以往只能靠腦傷病人的病例去證實。近年來，用神經造影的高科技測量，在正常人腦神經活化的即時影像中也被證實了。所以很多研究者就把右利的發展和語言左腦側化的演化，視為相互增強的共生體系，認為遠古語言的雛形，就是利用了左腦得以靈巧操控右手的神經機制，漸漸演化而來。

那麼，這個能夠靈巧操控右手運動的神經機制，有何特殊的性質呢？為了尋找這個答案，研究者就先問一個問題，即出生嬰兒的左、右腦半球是對稱（意含相等的能量）還是不對稱（意含不相等的能量）？結果是，從一開始解剖結構的觀察，大多數嬰兒的左腦半球（尤其是後來發展為說話的區域）大於右腦半球。較多的神經結構，當然意味著能較快處理訊息，所以研究者據此推論，左腦在訊息處理的時間解析度比右腦好多了，因此就可以發展出很快把子音、母音連續排列的發音體系，而右腦半球因為沒有很好的時間解析度，就發展出較長距離的音調變化，即說話時的抑揚頓挫。同時，右腦也強化了其不需依靠時間解析度的空間方位辨識能力。

為了證實左、右腦半球分別掌控時間解析能力和空間辨識能力，研究者設計了一個很聰明的實驗。他們要受試者把眼睛凝視在電腦螢幕的中間點上，然後很快的把一個英文詞呈現在受試者的左視野或右視野，前者會直接反映到右腦半球，而後者則直接反映到左腦半球。受試者的工作是去辨認螢幕上很快閃過的詞，然後唸出來。

研究者另外做了一個巧妙的安排，即螢幕上每次只出現一個字母，分別在左視野或右視野的上、中、下三個位置。例如螢幕上先出現一個C字母在左（右）視野的中間位置，然後很快的消失，又出現一個A字母在左（右）視野的上面位置，很快又消失，最後出現T字母在左（右）視野的下面位置，也很快消失。

按照字母出現的時間順序，這個詞應該是CAT，但如果就空間的排列而言，由上而下卻是ACT。實驗的結果很有趣，同樣的呈現方式，出現在左視野（右腦）時，受試者唸出的是ACT，但出現在右視野（左腦）時，受試者唸出的卻是CAT。前者是依照空間的知覺，而後者則是靠時間的掌握！

由於環境的變化無窮，人體的不對稱其實才是常態，但當這個不對稱現象由個人的偏好演變成群體的風格，且在腦中形成特定的側化現象，則其演化的意含就非常清楚明顯了。語言的出現與演進，使人類超越其他動物，而創造了快速變化的文明景象。大腦皮質和皮質下許多功能的分離和連結，仍有待解謎，但有一點很清楚：有了語言，我們才有能力分析和思考語言演化與腦側化的關係；沒有語言，我們就不可能論古談今，更不知腦為何物矣！

威尼斯人的祖先

西安地下挖出的秦俑，證實了兩千多年前古長安的多元文化；由義大利北方上空往下照，看到了消失兩千多年的古羅馬城。考古把傳說轉為真相，確是動人心弦。

一個古老的城市，總是擁有許多傳說，而神秘的傳說，也確實會使一個城市充滿了無限魅力。傳說裡那如真似假的故事，透過口傳及筆述，讓城市裡的人與物都鑲上一層浪漫色彩，令人務必一探究竟。否則你為什麼要去西安，不是為了在華清池畔醉酒的貴妃傳奇嗎？你不畏辛勞，在烈日炎炎之下，揮汗跟著大排長龍的遊客徐徐前進，為的不是要一睹掩埋地下千年那數百尊秦俑嗎？再說，始皇消滅群雄，統一中國，完成千秋大業，其中無數的傳說，如果沒有考古學家東考一段，西察一節，然後連「城」萬里的雄偉氣勢，就不會有一將功成萬骨枯的哀傷，更不可能去體會那「但使龍城飛將在，不叫胡馬度陰山」的悲壯了。考古學家在土地裡找到證據，讓傳說裡的故事還原，使我們所有在傳說中長大的人，一旦看到那觸動記憶的實物，那瞬間的感受是很強烈的心弦顫動，所以站在長城底下望去，看那山脊嶙峋，聽那北風呼號，才會感覺聲聲都在見證傳說中的苦難！

我一九八三年第一次到西安，首先趕到大雁塔和小雁塔去看唐三藏翻譯的佛經，雖然所見不多，但也能讓我當晚在夢中重溫《西遊記》裡悟空、悟能、悟淨的虛幻身段，也知道玄奘大師是真有其人，雖然實在討厭故事裡的他，但看到工整的佛經譯文，卻不得不因這一段不同文化的融合與傳承，而對其本尊由衷的感佩。我當然也趕去看了華清池，當年文化大革命剛過，文物破壞嚴重，交通也不方便，那天下大雨，我們一車由美國去的考察團在爛泥中滾進了華清池目的地，周圍房舍破舊不堪，但「華清池水色青蒼」，在四周的斷垣殘壁中，顯得一枝獨秀，那種千年之後仍可見別於一般的華麗，才能突顯出白居易《長恨歌》的樂極生悲之情。前幾年又去西安，看到新近修復的華清池，在金碧輝煌的現代化重建遺址中，顯得微不足道，全無幽古之思。

倒是眾多秦俑的保護工作做得很好，我兩次去就有兩次的感動。那或跪或站的戰士，為保護秦王所展示的豪氣，盡在臉上，但最令人讚歎的是，不同的髮型，不同的服飾，不同的臉型，呈現的就是不同種族的風貌。歷史傳說中，漢皇帝派朝廷文官揚雄四處去探查不同民族的風情歌謠。揚雄握筆攜絹，來到了長安的市場街角，聆聽並登錄各方人士說話的聲音和語彙，最後把蒐集而來的語料分門別類，集合成一本劃時代的巨著，就叫做《方言》。從揚雄的《方言》中，可以想像當年熙熙攘攘的長安街頭，這麼多不同種族的人同在一個城市裡討生活的情景，令人憧憬。數百尊秦俑的出土，證實了兩千多年前的傳說，也印證了揚雄的千古之作，在考古人類學的研究上，當然是一項非常了不起的成就！

最近在歐洲城市發展的考古學研究上，也有一項「石破天驚」的成就，值得科學界的讚揚。這篇報告以極小的篇幅刊登在《科學》期刊上，但卻立即引起全世界各方報章雜誌爭相報導，可見其發現多麼引人注目，尤其發現的過程和一般考古大相逕庭，是由「天」俯瞰大地。透過地上的石、土、水分佈，反映出已消失的兩千多年前的古羅馬城；而當年住在城裡的居民，很可能就是威尼斯人的祖先呢！

威尼斯是義大利的古城，而且是一個非常奇特的城市，它就建在靠近礁岩海島的內陸上，但整座城市還是坐落在眾多的水道網上，城市內的交通多是以船運為主，著名的觀光景點之一就是充滿浪漫風情的「情人船」（gondola），船夫一面撐船掌舵，一面情歌綿綿，讓整個威尼斯城成為多情的象徵，令人留戀！它從古代到現在，一直是個藝術之都，歌劇院當然美侖美奐，但設計更是一流，歌者不必用擴音設備，就可以把歌聲傳到劇院的每個角落，非常符合現代的聲學原理。

威尼斯濱臨亞得里亞海，也一直是個商業發達的海港。莎士比亞劇本中的威尼斯，就是個有錢人居住的城市。這裡的教堂很多，大大小小的教堂屋頂上都站著一位城市的守護神聖馬可（San Marco），你若留意看他手上的聖經，是打開著的，表示這是個繁榮安居的社會。拉斯維加斯和澳門的大賭城以威尼斯人命名，是有其歷史淵源的！

但威尼斯人從哪裡來，在考古學上是個謎。傳說裡他們是真正羅馬帝國子民的後代子孫，他們的祖先在公元前一世紀就已經在北方靠海的陸地上建立一個有羅馬風格的城市，稱為亞魯帝努（Altinum），歷經五個世紀的繁榮，在公元四五二年前後，遭到恐怖的日耳曼蠻族君王阿提拉（Attila the Hun，相傳他是匈奴之後）的侵佔掠奪和大肆屠殺，殘存的居民只有棄城逃向內陸，慢慢的又在現今威尼斯城的地方建立新的城市。這些傳說是由威尼斯人的祖先的祖先的祖先代代相傳，也由威尼斯城的出土文物中拼湊而來。然而千年來威尼斯北方靠海的地，只是一片玉米田，根本看不到一磚一瓦，傳說中的亞魯帝努城可能是杜撰的美麗故事而已，根本不存在過。

但科學研究有時候就是在意外之中有了新的發現。二〇〇七年，威尼斯北面機場附近已經乾旱了兩年多，玉米和大豆作物因為缺水，長得乾乾巴巴的，有的呈枯黃的顏色，而稍微長得好一些的，也只是略呈暗紅色。為了了解這些作物成長的情形，研究者就利用近紅外光（near-infrared）空中照像技術，照出了整個地區的玉米和大豆作物分佈圖像。另有一群義大利帕度亞大學（University of

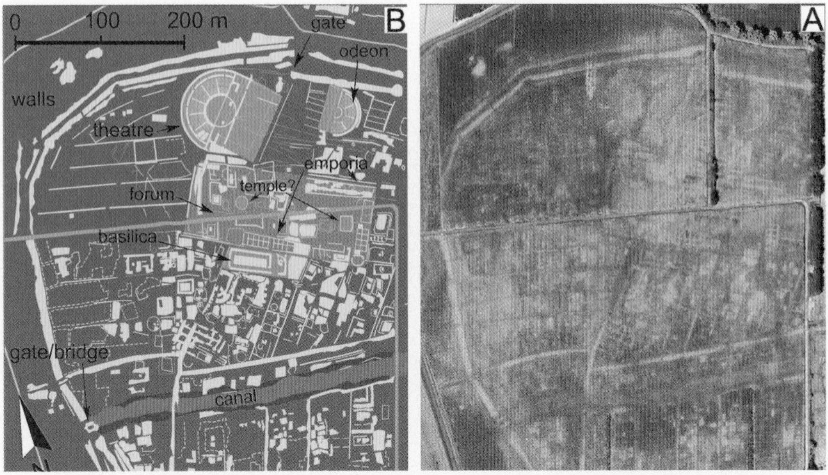

在歐洲城市發展的考古學研究上，最近有一項「石破天驚」的成就，引起全世界各方報章雜誌爭相報導，發現的過程和一般考古大相逕庭，是由「天」俯瞰大地。透過地上的石、土、水分佈，反映出已消失的兩千多年前的古羅馬城。圖片來源：A. Ninfo, A. Fontana, P. Mozzi, F. Ferrarese (2009) “The map of Altinum, ancestor of Venice”. In *Science*, Vol. 325, no. 5940, p.577; 31 July 2009.

Padua）的考古學者，對古羅馬的城市建築特色和主要建築物的佈局都很有研究，他們一看到這些圖像，有成條狀的紅色分佈，有各種形狀的黃色圖樣，如果用他們對古羅馬城市建築的知識去解讀，Mamma Mia！一個大城市的輪廓就顯現出來了，有分開城南城北的大運河以及多條貫穿城市的小河道（因為地下是水，所以玉米呈現紅色）；另外，較枯黃色（水份不夠）的圖形，有大方塊，像是廣場；有小方塊，像是教堂；有圓形，像是希臘式的圓形劇場；外圍有一圈黃，就像是城牆！還有通往城外的道路，那應該是條條道路通羅馬的一條吧！

假如沒有高科技的近紅外光照像技術，這些紅、黃相間的圖形不會顯現；假如沒有從空中照下來，就看不到整個大面積的不同圖像；假如沒有兩年的乾旱，玉米也不會對水份那麼敏感，也就沒有紅、黃的區別了；最後，假如沒有對羅馬建築的了解，那些不同形狀的圖形也不可能有任何意義了！

那原來的城牆和各類建築物的磚瓦石塊哪裡去了？總不能都風乾成沙，消失不見了！原來它們都被附近城市的居民拿去做建材了，難怪威尼斯城的出土文物會有亞魯帝努城的訊息。這些傳說不斷的亞魯帝努居民，借這些一磚一瓦向他們的子孫說明他們的存在，真是「陰魂不散」呀！

考古的證據讓大地說話。西安地下挖出的秦俑，證實了兩千多年前古城長安的多元文化；由義大利北方上空往下望，借助高科技的照像技術，在亞得里亞海的海岸邊，找到了威尼斯人的祖先在兩千多年前建立的古城亞魯帝努。考古學者把傳說轉為真相，確是動人心弦。你有沒有想到你在使用Google Earth時，可能會發現什麼呢？記住，沒有足夠的背景知識，你是可能會對相當有歷史意義的一堆圖像視而不見的！如果要見之有物，還是多讀點書吧！

共享意圖，教人為人

哲學使我們更深刻，歷史使我們更聰明，而「時代精神」也許就是從共享意圖這個概念所演化出來的從眾行為！

我在大學教書，對研究生的要求一向很嚴，學生們沒有寒暑假，都留在實驗室裡繼續幹活。但到了農曆年，學校和附近店家都關了，也只好讓大家回家團聚，剩下我一人留守實驗室。不過我總會開一疊論文書單當做「年假作業」，希望他們利用過節會親友的空檔，以休閒的心情讀一些研究文獻回顧的心理科學史論文。因為我常常覺得現在學生對科學研究的歷史感不夠濃厚，以至於寫出來的論文總是乾巴巴的，只見枝，不見樹，遑論見林！有一年，我又開了書單，還再三交代，年後開學的第一個週末，實驗室「春酒」伺候，讓大夥兒以水酒（加了很多冰塊的酒）論歷史一番！我看他們一個個皺著眉頭（女生更是嘟起嘴來）回家去了，心裡想著「不知道他們會不會一樣愁眉苦臉的回來參加鴻門宴呢？」

學生們陸續回到實驗室，看到他們笑得開心，精神飽滿的樣子，大概都過了一個好年。我逗趣的提醒他們週末有「罰酒」喝哦！他們倒是一副胸有成竹的表情，而且一齊圍過來，大家手上都有一杯咖啡，博四生代表說：「以咖啡代酒，謝謝老師讓我們過了一個很有內涵的智慧之年。我們過年期間組成讀書會，共研這些科學史論文，得到一個結論，哲學真的使我們更深刻，歷史確實使我們更聰明。但我們有一個問題要請教老師，什麼是『時代精神』（zeitgeist）？科學家應該很客觀、很有邏輯，也以最精進的統計方法去分析所得到的實驗數據，而且就數據做結論，不是嗎？那為什麼還會有意無意受到『時代精神』的影響呢？」

我看著這些學生們，很安慰也很感動。他們確實用心研讀了年假作業，才會提出這個問題。他們看到一個時段到另一個時段的科學研究，總是籠罩在那個時段所形成的時代精神中，而那個時代的科學家，即使有很嚴謹的科學訓練，也努力遵循客觀的科學方法的規範，但在選題、取材、分析數據、解釋結果，以及理論建構的方向上，主觀意識卻很容易受到當代精神的影響。這現象看似矛盾，但確是常態。為什麼會這樣？

這種時代精神的轉換，在心理科學研究上是相當明顯的。在上一個世紀，心理學對人性的探索就分成好幾個代表不同時段的時代精神。最初是物理的機械人性論，任何心理現象都必須化約到物理向度，因此心理物理（psychophysics）的測量就是一切的準則，人性是感官的整合，而整合的表徵就是自然對數的函數（log function）！接下來的時代精神不再是死板板的機械組合，而是要學習克服外在的世界，因此行為主義的環境操控論膨脹了人定勝天的自我意識；談人性可以不論人腦那個黑盒子，反正盒子裡只不過是一堆交換機罷了！

電腦出現了，人性的研究就淪為檢視資訊的傳遞系統——如何登錄？如何編碼？如何儲存？如何分類？如何組織？如何提取？如何做決定？如何解決一個又一個的人生困境？電腦的能耐變得更大、更快、更精準，人做為資訊傳遞系統的訊號整合平台，其結構、功能和運作方式也跟著變了——單一資源的分配是序列式或平行式？多種資訊如何互動？如何形成平行分佈的運作體系？人性變成一堆訊號，在人工智慧的類比之中，研究者和被研究者都不知人性為何物了！

廿世紀的後四分之一個世紀，認知科學成為顯學，認知心理學的實驗探討人類的注意力、記憶、學習、情緒、語言（包括閱讀）、問題解決及決策形成等功能，人性是這複雜知識體系的表現。有趣的是，這個知識體系的建構或維護，可能會因為腦神經受傷而有變化，而且關係又非常接近，促成認知運作的彈性和神經的可塑性逐漸成為人們希望了解自己和成就自己的研究主題了。人類基因組圖譜的完成，讓心理科學研究者也開始追逐人腦圖譜的可能性，一九九〇年代「腦的十年」宣言，代表的是認知科學與神經科學結合後心物合一論的時代精神。

進入廿一世紀，對人性研究所突出的時代精神又有了更為明顯的變化，它以生物演化論為主軸，以人必敬天且須回歸自然的研究方法去論述人的獨特性。也就是說，想要了解人之異於禽獸有哪些？就不可以把人類文明的終極成果（例如上月球）和猩猩現有的成就做比對。我只要舉一個例子，這道理就很清楚了。猩猩幾十萬年來生活的地區局限在同一塊大地，環境變化不大，而人類的祖先幾十萬年前南北奔波，散佈在地球的各個角落，所要適應的環境變化絕對比單一地區大得太多了，也更複雜；適應之後所形成的文化也都不一樣，而不

猩猩靠觀察模仿而學習，但人類除了觀察模仿之外，充份展現出共享意圖的認知運作，更發展出主動教導的行為模式。圖片來源：達志影像

同文化之間的相互衝擊，對認知能力的加乘作用是很可觀的，因此現在人類的認知能力不是局限在森林裡的猩猩所能比擬。

所以要有正確的答案，最好是去觀測尚未被社會化的人類幼兒的認知能力，把他們和猩猩的認知能力相比較，也許就可以看出「人之異於禽獸幾希」中那個「希」字的端倪了。德國的一群科學家比較兩歲幼兒和小黑猩猩的幾十種不同的認知能力，發現在空間認知、數量掌握和因果推論上，兩歲幼兒和黑猩猩並無特別的差異。例如有兩個筒子，其中一個裝有食物，搖晃起來就有聲響，黑猩猩和幼兒都會去找尋那個搖起來有聲響的筒子。當拿到一個搖起來沒有聲響的筒子，幼兒會馬上去找另一個筒子，表示他知道這個沒有、另一個一定有；黑猩猩的行為和幼兒一樣，也會去找另一個筒子。此外，黑猩猩和幼兒都一樣是很好的觀察學習者，他們（牠們）都會因觀看成人使用不同工具去除不同的障礙，進而學會以不同工具去除不同的障礙。

這些結果讓大家很訝異，因為人類幼兒的腦比黑猩猩大多了，難道沒有更好的能力嗎？其實是有的，但並不是表現在一般的認知測驗上。在另一個實驗中，實驗者讓一歲的幼兒和小黑猩猩分別和一位成人一起玩遊戲，這個遊戲一定要兩人合作才能解決問題。當黑猩猩和成人合作玩了幾次後，成人忽然不玩了，小黑猩猩對成人的這個舉措視若無睹，自顧自地玩，又因解決不了問題而玩不下去；幼兒則不然，當成人忽然停止不玩了，幼兒會用各種暗示，眼睛盯著成人，手去拉他，就是要他一起玩，好像完全理解這是兩人共同的工作，有共同的目標，而且釋放出各種要求合作的溝通訊號，充份展現出共享意圖（shared intention）的認知運作。這在黑猩猩行為上是看不到的。

最令人印象深刻的觀察，是共享意圖這個概念不但是多人合作的基礎，也是讓人類不停去拉攏別人來和自己站在同一陣線的有力動機。一個三歲的幼兒被教會一套解決問題的程序後，再讓他觀看一個布袋木偶玩同樣遊戲，但問題解決不了，因為程序都錯了，他會很焦急、很激動，而且一直試著去「教導」木偶怎麼玩才對。

我用「教導」兩個字，這是人類文明進展的關鍵所在。猩猩靠觀察模仿而學習，但人類除了觀察模仿之外，更發展出主動教導的這個行為模式。這是共享意圖的延伸，也是人類文明得以加速進展的原動力！

為了回答同學們的問題，引出我對心理科學史的一些回想。在當時，我喃喃自語，又滔滔不絕的解說一個接續一個的時代精神的表徵，我沒注意到周遭的學生有沒有聽進去我說的這些話，但我主觀的認定他們正在和我有共享意圖的精神交會。我興奮的做了一個結論：「時代精神」也許就是由這個「共享意圖」所演化出來的從眾行為！

Part 4

取他山的巧

三心兩意、廣擷善緣才是科學王道

棒棒揮空，出局！

球速高達時速一百六十公里時，每秒可以飛過五百度視角，而一般人盯住飛行物的能耐不超過每秒七十度，所以打到球是運氣，打不到球才是正理！

十四勝落袋！王建民打虎，辛苦拿下十四勝！驚險十四勝！王建民奪第十四勝！亞洲之王，6K伏虎！

我翻遍了各大報的專頁報導，逐字閱讀球賽的各項細節，欣賞報上相片欄中王建民的煥發英姿，開心了一整天，真是一幅人逢喜事精神好的寫照，學生們看到我都說：「老師，你今天看起來好年輕！」我舉手轉半身，比了一個投球姿勢，同學們一看，回以捕手蹲姿，「耶！又贏了，好過癮！」美國職棒的洋基隊最近似乎變成了台灣的國家隊代表，輸、贏都會影響台灣人民的精神狀態！

我當然更是不落人後的加入王建民的粉絲團隊，每次輪到他出賽，我就出現在有電視的朋友家（我自己家裡一直沒有電視），和大夥兒一起湊熱鬧；就算沒賽程，和朋友們偶爾聚會也都不知不覺聊起「打野球」的各種相關逸事，但說來說去，話題總是會繞回對王建民投球的分析，包括出手的時間、方式與控球的穩定度等，一下子，個個都成了洋基教練團的特別顧問似的。記得在武俠大師金庸的宴席上，「台灣之光」也成了席上的熱門話題，還有一次在某個科學教育基金會開會時，中研院李前院長以他當年當選手的經驗，表演了投手的投球英姿，並分析王建民出手變化所造成的球速與彎曲的物理特性，讓與會人士大開眼界，看來李院長也是粉絲團的成員之一，對王建民的舉足投球是時時關心的。

我個人一向喜愛運動，也很喜歡觀賞各種球賽，以前在美國加州教書時，會去看美式足球，有機會也去看美國的網球公開賽，偶爾也去看洛杉磯道奇隊和舊金山巨人隊的棒球比賽，網球四大公開賽、世界盃足球賽進行的那一個月，眼睛黏在電視螢幕上，就更不在話下了，到現在回到台灣仍是如此。但自王建民現象深入我心之後，不知不覺對棒球研究的科學論文，也開始細心鑽研了。

其實，從我個人的研究專業看，美國職業棒球賽中，最令人不可思議的是打擊者在面對時速超過一百六十公里的快速投球時，怎麼可能看到球飛到本壘上的位置而出手去打到那顆球？我以前在學校當棒球選手時，教練總是一再交代：「注意投手出手的那一刻，眼睛要好好盯住球，一直到球近身時，調整好自己握棒的位置，一棒打出去！」但這一段教練諄諄之語，仔細分析起來是不可能的，因為我們眼睛的凝視點每零點二五秒左右移動一次，根本不可能「跟住」那顆高速飛球！

也許我們可以視覺的角度來做進一步分析，就會更清楚「不可能」的原委了。當我們說一個球速強勁的投手投出時速一百六十公里的高速球，這表示這顆球在一秒鐘飛過了五百度的視角，但一般人最快的視角移動，一秒鐘也不過是七十度，因此從眼睛的觀點而言，打擊者是看不到球從投手出手到飛抵本壘之間的變化歷程的。再者，一個人從舉棒、轉身到揮棒擊球所需的時間，比投手球出手到飛進本壘所需的時間是要長很多的。所以，從物理分析上，打擊者不可能目睹到球的變化，也不夠反應時間去打到那個迎面飛來的球。那為什麼在美國職棒中，打擊紀錄最糟的打擊手，在面對最高速投手時，仍然有百分之二十的機率可以成功打到球？純靠運氣嗎？當然不是！

根據近來的研究，美國職棒選手的視覺移動角度，一秒鐘可以到達一百二十度，比一般人多了五十度，但比起五百度還差太多了，所以他們會採取兩種策略：根據眼球追蹤儀（eye tracker）的分析，大部份的打擊手都是盯著球到距離本壘五點五英尺（約一點六八公尺）之處，就不再注視那顆球；另外有少數的打擊手，眼睛凝視投手的出手瞬間，然後就將視線移到本壘上空，好像就已經估算出飛球將經過的位置了。從這兩種眼動的策略，我們可以看到打擊者是根據投手的投球姿態去估算球的落點；他們不是盯著球去計算軌跡，而是看一眼出手的球就要決定球的高低位置（因為球棒是長的，所以他們只算高低，而不去管橫向的變化）。

為了測試上述看法，研究者設計了一部擊球的模擬機，讓打擊手去試打球速由時速一百一十六公里到一百二十八公里隨機變化的直線球，結果發現打擊率很差，只有0.030。但假如球速固定在只有兩種變化（例如時速一百二十公里和一百三十六公里），打擊率一下子就提高到0.120，增加了四倍，而且橫向變化並不影響結果。也就是說，打擊者在來球速度的可能性無法掌握之下，他的表現是很糟的；但當投手的一致性可以讓他預估其球速時，他反而不管球速有多快了。這個結果很有啟發性，投手不能只努力練好一種投球姿勢，一味講求投球的一致性，反而助長了打擊者的估算能力！

看來，要成為一位優秀的打擊手確實是需要一些天份，因為速度、反應和眼手協調的能力都是基本功，缺少不了，但我們也看到除了這些基本功之外，能夠累積經驗以正確估算投手的球速與變化，也是必要的。很多人都知道，棒球教練是所有球賽中最有參與感的靈魂人物，他雖然人在場外，但絕對是第十二個場內選手，好的打擊者必須能從教練的暗示中，得到對投手投球的球速與變化之估算指標，所以，成功的打擊者真的要能夠內（能力）外（經驗）兼修，缺一不可！

但是對我這個心理學領域的人，最有趣的是美國職棒聯盟竟然會用一套心理測驗去做為選才的指標（通常是AMI, Athletic Motivation Inventory或ASI, Athletic

Success Inventory）。他們認為球員的野心程度，能被教導的程度，和具有領導力的程度，會決定一位球員能不能由好（good）變成傑出（excellence）。華盛頓大學的史密斯（Ronald E. Smith）教授和他的同事做了一個大型研究，把這套心理測驗量表所標示的人格特質和大聯盟球員的長期表現，做了相關係數的計算。結果發現，成就動機、困境適應和突破壓力這三個人格特質和大聯盟中傑出球員的表現有高相關。他們也發現，好的打擊手往往有很高的自信心。有趣的是，自信心這個人格特質在美國職業籃球和美式足球的球員表現上並不是很重要，這反映了棒球打擊手的情境——這是我和投手之間的較量，與旁人無關！也就是說，打不打得到球是我個人的信心問題，旁人是幫不了忙的！

最近因為阿民所引起的棒球熱，我發現很多科學家談起棒球都各有一套理論。物理學家說外野手根據他和本壘的角度，加上被擊出球的加速度，計算出球的落點，然後跑到那個位置，再抬頭把球接住；生物學家說狗追飛盤也是根據角

從兩種眼動的策略，可以看到打擊手是根據投手的投球姿態去估算球的落點，看一眼出手的球就要決定球的高低位置。至於外野手，物理學家說根據和本壘的角度，加上被擊出球的加速度，計算出球的落點，跑到那個位置，抬頭把球接住；生物學家說狗追飛盤也是根據角度和加速度，蝙蝠也是用同樣的方法捕捉飛蟲。那利用同樣算則的機器人呢？圖片來源：iStockphoto/kirstypargeter

度和加速度，蝙蝠也是用同樣的方法捕捉飛蟲；而我一位在加州大學聖芭芭拉分校的機械人專家朋友乾脆造出一個機器人，用同樣的算則（algorithm），根據角度和加速度去計算落點的位置，但見球一擊出，機器人真的就跑到正確的位置上，等待球落下來！叩的一聲，機器人被打翻了！因為忘了裝上接球的手和手套。當然我的朋友沒有告訴我們，即使有機械手和手套，要能接到球，也是很困難的了！

姓啥名誰，大有干係？

名字雖是身外之物，但一生長相隨，終日「耳鬢廝磨」，建立的感情既深且厚，又融於無形，對個人的行為常有不知不覺的左右之功。

名字是一個人最貼身的附加物，是父母親為了方便以及對初生嬰兒一生的期許而給予的稱呼。方便是為了區辨的目的，一聲輕喚，就能在一群人當中有呼必應，建立彼此的聯繫，而不會一呼百諾，私密話就難傳了，所以很顯然的，區辨的效力來自名字的獨特性；另一方面，父母親為了給兒女一生的祝福，在我們的文化裡，就會特別選擇文字中含有美好字義的音節，以單一的方式（如仁、義、煦、美等）或雙字搭配的方式（如有仁、信義、詩涵、佳穎等）來期許嬰兒一生的美好與志向。至於招弟、罔市則是盼望有個兒子的父母以諧音方式去祈求老天賜兒孕男的願望。然而人間事雖然複雜，大家對幸福的嚮往總是人同此心、心同此願，所以名字相似的情形就難免不了，人口越多，名字的區辨力就越低，在越來越複雜的現代社會，就會造成許多「名實不符」或「冒名頂替」的現象。

我的名字有三個字，第一個字是「曾」，代表家族的姓，表明我是曾氏宗親的一員。在台灣，以曾為姓的人不少，居排行榜第十七位，也就是說，在台灣和我有血緣關係的人不少，所以曾氏宗親會在台灣就頗有聲勢。我名字的第二個字是「志」，又是高居常用名字排行榜的第二十五名，因此我會有很多很多像是兄弟輩的「曾志X」散居全國各地！其中，志豪、志偉、志明、志宏、志浩等真是多得不得了。還好，我父母給了我最後一個「朗」字，使我名字的獨特性一下子就突顯出來，區辨力也高到可以讓人一目了然。當年我參加大學聯考，榜單上只有一位曾志朗。因為長久以來只此一家，別無分店，經驗法則告訴我，那大概是我，不會錯的！但我爸爸朋友的女兒叫陳雅婷，名字重複出現在各大學好多系所的榜單上，她老爸逢人都說女兒考上全國最好的大學，大家也都相信不疑，好多年後，才知道其實那年她名落孫山。我們都被名字給唬弄了！

為了給兒女一生的祝福，在我們的文化裡，父母總會特別選擇文字中含有美好字義的音節，來期許嬰兒一生的美好與志向。圖片來源：達志影像

這樣的故事在中國大陸做事的人一定很有經驗，因為大陸人口十三億，能用的姓卻只有幾百個，加上喜歡用單名，同名同姓不勝枚舉。一聲「張敏」，一句「王強」，可能隨時隨地都會有一大堆人回應。所以，選才用人，不得不戒慎恐懼。我一位從台灣到杭州經商的朋友就說，看學歷、查證照都要特別小心，因為冒名頂替太容易了！有人開玩笑說，現在中國大陸什麼都不缺，只缺「姓」！很有道理吧?!

其實，名字雖然是身外之物，但一生長相隨，終日「耳鬢廝磨」，建立的感情既深且厚，又融於無形，對個人的行為常有不知不覺的左右之功。最近在美國有一個非常有趣的研究，結果令人感到不可思議，因為一個人的名字居然會影響職棒選手的打擊，也會影響大學生的學業成績，而且研究者進一步在實驗室中操弄相關的變項，竟然可以建立相當準確的因果關係，稱之為名字字母效應（name letter effect），可以用來解釋為什麼Toby比Jack更可能搬到Toronto，更可能買一部Toyota，和更可能和Tonya結婚；而Jack比Toby更可能搬到Jacksonville，更可能買一部Jaguar，以及更可能和Jackie結婚。

美國人寫名字，姓和名的第一個字母都要大寫，因此縮寫時就會以兩個或三個大寫字母代表，例如Ovid Tzeng就會變成O.T.，所以美國職棒的百年紀錄中，球員的名字都是以姓和名的第一個大寫字母來代表。仔細比對九十年來打擊者被三振出局的紀錄，姓名字母中帶有K的打擊者被三振的次數竟然高於沒有

K的選手（18.8%和17.2%, t(6395)=3.08, p=.002），而且三個字母都是K的選手（Karl "Koley" Kolseth）比有兩個K或一個K的選手更可能被三振出局。因為三振的英文是strike out，但一般都用K表示，所以上述的相關就非常有趣。難道姓名字母帶有K的選手太習慣於K的暱稱，因而對K所代表的負面意義就不會那麼在意了？

如果真是這樣，那麼學業成績A、B、C、D會不會和學生姓名字母中的A、B、C、D有相關呢？研究者在一所私立大學的學生成績資料庫上比對了十五年（一九九〇至二〇〇四）來的學生成績紀錄，結果和上述職棒中的K－K相關很類似，姓名中帶有C或D的學生，學業成績平均點數（GPA）都比沒有C或D的學生差得多；但姓名字母是A或B的學生，學業成績並沒有比不是A或B的學生來得好。這表示成績好需要額外的努力，但相反的，只要懶散一點，就可以使成績變差。莫非姓名字母中帶有C或D的學生太習慣於C或D的字音，對其負面的字義也就不太在乎了？

研究者用另一種方式來加強上述相關研究的可信度。他們檢視美國律師公會的律師歷程，比對他們畢業的法學院排名，也發現姓名字母有A或B的律師，比較可能來自名校！

職棒的三振紀錄、大學生的學業成績及律師的畢業學校是三個相當不同的數據來源，但它們呈現非常相似的名字字母效應。然而，這些都是相關的統計，不太可能建立因果關係，因此研究者就設計了一個實驗，讓每個受試者的姓名字母和解答字謎作業所得到報酬多寡的標示字母，有時吻合，有時不吻合。實驗結果顯示，受試者的姓名字母會影響受試者是否在意報酬的指標，尤其是在姓名字母和低報酬指標的字母吻合時更為明顯。證實了人對自己姓名的字母太習慣時，反而會對那字母的負面意義視而不見、聽而不覺！

英文的名字字母效應可以應用到中文姓名嗎？如果也有同樣效應，那麼改名字有什麼不好？只要不是因為算命的拿個人名字和八字做文章，改個名字又何妨？但根據這樣的心態去改名，和算命的算筆劃改名，到底有什麼不一樣？我們那些改了名字的朋友們，他（她）們會因此改變行為的模式嗎？有什麼樣的中文資料庫可以讓我們得到比較可靠的數據呢？

也許，名字字母效應所顯示的不只是姓名如何影響我們的行為，更重要的是它指出了「溺愛」和「寵壞」心態的源由。我們常常看到父母親對自家小孩的脫序行為視若無睹，甚至還會怪周遭親友小題大作；在社會互動的集體行為中也有同樣的現象，當我們的意識形態越來越往某個方向趨近，我們就不知不覺的忽略（或原諒）那個方向裡的種種惡行。在這裡，我以名字字母效應提醒我們自己，小心寵壞了自己或喜愛的人！

M的啟示

由口腔到口語，到臉部表情，到腦神經活動，科學家整合了各種證據，帶給我們的領悟是，為人之道在——口德！

「看到了英文字母M，你會立刻聯想到什麼？」我把這麼簡單的一個問題，拋給周遭的親朋好友和來上我課的學生們，得到了好多有趣的答案，有些真是我從來沒想過的，但它們的確反映了不同年紀，不同時代，以及不同社會背景答問者的各種心思與經驗。猜猜看，在我所問到的答案中頻率最高的會是什麼？哈！您猜對了，「麥當勞」（McDonald's）是最多人一聽就衝口而出的即時反應，而且無分老少，男女皆然！其次是「媽媽」（Mother），也是不分男女老幼的共同回憶，反映的似乎是所有人的「戀母情結」。再來呢？「錢」或

「Money」也是不少人脫口而出的字眼，但集中在中年以上的上班族和家庭主婦，這也許是金融危機之下，擔心減薪，擔心失業，或擔心就業無門的潛在焦慮！

集體的反應，當然反映了當今社會的現實面，但五花八門的個別化反應，卻讓我們得以一窺他們的生長背景、喜好及所關心的事物。例如，有好幾位六十歲上下男性的共同回答是「瑪麗蓮夢露」（Marilyn Monroe, MM），而且帶著一副憧憬遐思的眼神，像是勾起了對年輕時代風流逸事的回想；可是五十歲左右的男性就不再是ＭＭ了，換成「瑪丹娜」（Madonna）啦！但Ｍ＆Ｍ對幾個女性朋友而言，喚起的不是那位金髮豔星或那位百變歌手，而是甜甜蜜蜜的巧克力，說出來的時候，嘴角還加上咬一口的動作；真是的，怪不得雙下巴都隱隱浮現了！

和我一起打球的楊醫生一聽到我的問題，馬上就想到朋馳車，原來是Mercedes的崇拜者；倒是有一位年輕朋友的朋友說：「看到大M，就想到pizza!因為剛看了『Mamma Mia!』的歌舞劇電影，想到了義大利，就餓了；但如果看到一連串小寫的m m m m…，就越想越愛睡！」為什麼？原來還是個漫畫迷哩！

小孩子們的反應更有趣了，當然大多數的第一個反應還是麥當勞，但有「山」（Mountain），有「水」（像瀑布？），有「音樂」（Melody），有「妹妹」，有「米菲兔的耳朵」，有「微笑的眼睛」，有「教堂的屋頂」……，還有，最絕的是「屁股」！我問那個理著齊額短髮，有著兩道濃濃眉毛，一對黑眼珠骨溜溜盯著我看的男孩：「為什麼是屁股？不是顛倒過來了嗎？」他小嘴一撇，一臉「連這個都不知道」的表情，接著才說：「蠟筆小新啦！」我一肚子狐疑，不知道他在說什麼，不過看到他旁邊的小朋友們七嘴八舌的比畫來比畫去，還一齊點頭肯定，我想我們是有很大很大的代溝啦！

看到英文字母M，你會想到什麼？不同的聯想，反映了不同年紀，不同時代，以及不同社會背景答問者的各種心思與經驗。圖片來源：許碧純

科學家的反應會是什麼？其實他們和一般人的答案都差不多，很少會出現專業術語的反應，但確實偶爾會有一、兩位科學家蹦出來的答案竟然是「公尺」（Meter）這麼一個無聊的詞彙，讓我也忍不住想要大喊“Mamma Mia!”倒是有一個反應，值得我們深思，因為它出現在為數不少的教授群中。那個一再出現的反應居然是「道德」一詞，是由M到Moral而來的聯想。我並不很驚訝，因為世風日下，傳統社會價值逐漸潰退的這一刻，在許多教育工作者和科學界知識份子的潛意識裡，已經埋有一呼即出的道德危機感了。我雖然也暗自等

待這答案，卻也沒想到，一個玩笑式的簡單問題，竟然會引爆眾多知識份子對當今世局的潛在看法，而所反映出的唯一救贖意念，就是道德，道德，道德！

教授們對社會風氣的擔心，我是很認同的，因為這幾年學界對研究者養成教育中的誠信原則也非常重視。近年來，國際科學理事會成立了一個特別委員會「科學行為自由與責任委員會」，關心的重點就是研究誠信（research integrity）的培養和經常的提醒。看來品德的議題，已經是全球學術界的共識了。

我坐在書桌前，信手寫了個大大的M，然後再慢慢填上oral，白紙上出現了M oral。原來，道德（moral）和口腔（oral）有如此接近的「血緣」關係，只差一個字母而已！怪不得我們經常聽到人們以口腔對食物的好惡感做為隱喻，去比擬行為是否合乎道德的標準。例如西方的諺語中有一句話很傳神，用來批評別人的行為不端："leave a bad taste in my mouth"，直接就把不道德和口腔的厭惡感畫上等號。

其實，我們漢語中也有很多類似詞彙有相同的比擬，如我們吃到「不潔」的食物就急著要「吐出來！」；我們對別人滿腦子泯沒良心和傷風敗俗的念頭，會貶之為思想「很髒」，要「唾棄」之！看到蒼蠅飛到食物上，我們就感到「反胃」；看到一個人行為有污點，我們連連說「真噁心！令人作嘔！」聽到有人口出穢言，我們也會「嚥不下」這一口氣，還要對方把話「吞回去」！最好玩的是，我們看到包裝美麗但已腐爛的食物，還是忍不住「捏住鼻子」；而我們對道德有瑕疵卻自命清高的人，則是「嗤之以鼻」！

以上都是負面的比擬，當然也有正面的隱喻用法。例如形容一個道德高尚的人，我們會稱讚他人格「極品」，那你如果想吃最美味的菜餚，會去那裡？當然是「極品軒」囉！所以你現在應該知道，描繪一個人的人格特質中具有「品味」一詞的來源和用法了吧！

說了半天的口語道德說，好像有些「言」之成「道」的看法，但有更直接的科學數據來佐證由oral到moral之間的關聯嗎？其實，最近一期的《科學》雜誌就報導了這樣的科學證據，而我上述那些M字母聯想的延伸也由此而生。加拿大多倫多大學的一組科學研究者，讓受試者看一些各類主題的照片當做控制組，然後也讓他們看一些食物被污染的照片做為實驗的操弄。結果當然是後者會引起受試者表現出極度厭惡的臉部表情。研究者是用很客觀的方法，檢視表現這些表情時所動用到的肌肉的活動程度，做為比較的基礎，再比對這些數據所得到的實驗結果。

研究者再讓受試者參加一個金錢競賽的遊戲，讓他們在遊戲中經歷一些分配不公平的事件，引起他們的不快，然後用上述客觀的方式去測量因不公平所引起的不快表情及其臉部肌肉活動的強度。結果發現，兩者所引起的不愉快表情幾乎是一模一樣的，而且強度也差不多！最有趣的是，在美國賓夕法尼亞大學的保羅・若仁（Paul Rozin）教授還為這篇論文寫了一篇評論，題目就用"From Oral to Moral"，更提出了兩者反映的腦部活動也是在相同部位的證據！

由口腔到口語，到臉部表情，到腦神經活動，科學家整合了各種證據，提出了由oral到moral的演化論述，靠的只不過是M這個字母的啟示！也就是說，從口腔的生理發展到抽象的道德理念，雖經歷幾個曲折，M，完成的卻是人類文明最重要的一項社會規範，道德！

從oral到moral，這一字母之差，讓我對生活上的一些口語現象，有了恍然大悟的欣賞力。但我更深的領悟是，為人之道在——口德！同意嗎？

熱，火大，別惹我！

棒球真是機率的遊戲，更是反映人性的場所。

我以前曾經說過：「巧合的ｎ次方，還是巧合！」因為人間世，實在太複雜了。人來人往，物換「心」移，生物現象變數很多，人心的感受更隨時空之轉換而有不同，所以各項可能的變數恰恰好湊在一齊，就會產生類似神蹟式的巧合。其實就社會事件的發生率而言，巧合不過是代表統計數字裡一小串可能發生的連結罷了。這是理性思考：凡有可能，就會發生；一旦發生，就淡然處之吧！

話雖這麼說，但人是不是理性動物，在哲學上一直就是個有爭議的議題。不過科學界從個人決策行為的研究上，卻越來越趨向否定的結論，而且認知神經科學家以功能性磁共振造影（fMRI）的方式觀察腦內變化，也看到了決策行為的兩種不同神經迴路，代表著理性和非理性的思維方式可以同時並存。所以即使是平日以嚴謹思考著稱的科學家，偶爾也會不小心陷入主觀意識太強而無視眾多反面證據的情形。評論者就會以寬容的語氣說：「唉！科學家也是人嘛，難免會犯錯！」

我是科學家，平日講究證據為主的思維方式，但碰到一連串巧合的事情，雖不疑神疑鬼，卻也不免心緒不寧。兩個星期前，我去參加棒球界元老陳潤波先生的喪禮。他是我數十年前在政大棒球隊時的教練，也是位非常善良、專業知識又非常豐富的大國手。在一九五〇到六〇年代，是台灣和日本兩地間最佳的游擊手，前日本巨人隊監督王貞治教練就稱他為卓越的棒球先生。我在喪禮上看著他的遺像，想起他當年從合作金庫棒球隊退休之後，不計薪資微薄，到政大來當球隊的教練。

我被選上校隊，但絕對不是可造之材，只是很喜歡運動，而棒球是從小在鄉下田園球場滾動取樂的遊戲！陳先生在政大當教練很認真，炎日當頭要練球，雨勢不大也要練球，而且盯我特別緊。有一次我被他操得很累，就問他為什麼對我這個不可能成為大選手的球員如此用心。他說：「那些有天賦的選手，不需要我教，我只要輕輕指點，他們就懂就會了。你呀！沒有一流選手的身手，卻有歡喜隨著球滾來滾去的熱情，打得到球，卻打不遠；接得到球，卻傳得不夠快！這些都可以訓練，我看著你進步，很開心！你這種不上不下的球員，才是需要我教的！」這一番充滿教育理念的話，我至今忘不了。最好的老師是能把「不上不下」的學生教好的老師！

一個星期前，全國棒球協會為響應國際棒球總會所發起的「棒球重返二〇二〇

投手投觸身球的機率和天氣熱的相關，其實是有條件的。什麼條件？就是我方隊友在前幾局的打擊，曾被對方投手的球「招呼」到身體的時候，就容易引起我方投手也產生投觸身球的傾向。換句話說，就是報復心理在作祟啦！圖片來源：達志影像

奧運」造勢記者會，邀請我參加，我旁邊坐了一位日本來的客人，透過翻譯，原來是日本棒球雜誌的編輯，他告訴我陳潤波先生生前為他們的雜誌寫專欄，在日本非常受歡迎，而他個人最喜歡陳先生的教育理念，就是讓「不上不下」的球迷不「中輟」！我說，我就是那些不上不下的球迷之一，而且很驕傲的告訴他：「陳先生曾經是我的教練！」巧吧！

真是無巧不成書，幾天前，我晚上睡不著覺，就在床頭一堆書裡找到日本推理小說家宮部美幸的首部長篇小說《完美的藍》，連著幾個夜晚，一口氣看完，它講的是棒球投手的故事，裡面提到投手達成「完全比賽」的不可能性，以及一旦達成後的榮耀和歡欣。小說情節的鋪陳雖然有點鴛鴦蝴蝶派，但對棒球賽事裡錯綜複雜的種種人際關係有很清楚的描繪，譯文也很流暢，最棒的是書末一篇由推理小說電子報主編紗卡寫的解說，寫得好極了。其中作者的一段話馬上吸引了我的目光，他說：「台灣資深棒球人陳潤波曾說：『棒球是機率的遊戲。』棒球運動的確重統計數字，並以此來評論球員的表現：諸如打擊率、自責分率、守備率等等……。」

這段話也勾起了我想到陳潤波先生常講的另一句話：「棒球場上反映的是人性百態！」真的是很有啟發性。我倒是覺得很巧，最近怎麼一直碰到棒球有關的議題，而且都以陳潤波先生的人生哲理為核心。無獨有偶，我週日回到實驗室，打開最新一期的《心理科學》期刊。媽，媽咪呀！引我入目的第一篇論文竟然是有關棒球場上的人性研究，談的是天氣熱，引發投手的心頭之火，就容易投出為受難隊友報復的觸身球。「冥冥之中」，我好像被棒球的引力給吸住了，到處看到「它」的影子！

這篇論文真的很有趣，研究者充份利用美國職業棒球隊對每一場比賽鉅細靡遺的紀錄，包括當天的氣溫。他們檢視了由一九五二至二〇〇九年美國職棒聯盟對十一萬一〇四八場賽局的紀錄，然後分析當天的氣溫和投手投觸身球的次數是否有相關。結果發現，氣溫越高，投手投出觸身球的機率就越高。好像天氣熱了，投手真的就容易浮躁，球就這麼不受控制往打擊手身上偏過去！

再仔細檢查數據，發現事情不是這麼簡單。投手投觸身球的機率和天氣熱的相關，其實是有條件的。什麼條件？就是我方隊友在前幾局的打擊，曾被對方投手的球「招呼」到身體的時候，就容易引起我方投手也產生投觸身球的傾向。換句話說，就是報復心理在作祟啦！更有趣的，天氣越熱，這種報復的心理越強，而且還會因為我方被對方投手觸身球打到的次數變得更為強烈。

但是天氣熱，選手們汗流洽背，當然期望比賽趕快打完，大家盡早回去休息，一旦投觸身球，讓對方保送上一壘，就會延長比賽時間，所以理論上到了最後一局，報復的心理也許就會被希望早點結束以免給熱壞的心理打消掉了。事實上，資料庫的紀錄很清楚的顯示，這個假設是錯的。天氣再熱，只要投手的報復心理已經因自己隊友曾被打到的事實引發了，就算是最後一局，他也不會因為怕延長比賽時間而打消投觸身球的怒火！

在一連串的棒球巧合機緣之後，又巧遇這篇棒球相關的論文，其研究的結論真是應證了陳潤波先生的話：「棒球是機率的遊戲，更是反映人性的場所。」也許是棒球先生要提醒我這位不成材的學生，要學會修養，尤其夏天到了，天氣越來越熱的時節，更要按捺心頭的火爆，控制自己的情緒，就不會看什麼都不順眼了！更要記住：熱，火大，別惹他（她）！

心裡有「數」的時間相對論

是快似飛梭，還是慢如流水？人類對時間的知覺為何天差地別？

生活中充滿了矛盾的現象，這好像是個生命的常態。對於同一件事，因為個人背景，或概念的角度，或記憶容量的多寡，就會產生完全不同的詮釋。羅生門的故事就是個有名的例子：不同的人對過往事件的描繪，竟然會南轅北轍，莫衷一是。我們可以說，事件的真相難明，乃由於不同的人的不同取樣，以及複述時過多本位的粉飾所引起的，實在不必大驚小怪，雖然這些沒有欺騙意圖的矛盾，經常帶給法官判案時非常嚴重的困擾。

在複雜的社會現象中做個人的認知取樣，當然會產生各有所本的差異，但對物理向度的知覺也會產生類似的矛盾嗎？我們總不會把一公尺看成比兩公尺長吧？也不該感到一公斤棉花比兩公斤沙土重吧？更不會感覺一小時過得比兩小時久吧？但是一公斤棉花抬出來是一大袋，比起兩公斤沙土的一小袋，是會扭曲重量的感覺的。對時間間距的知覺更是如此，否則怎麼會有人一方面說「光陰似箭」，一方面又說「度日如年」呢？想念情人時，是「一日不見，如隔三秋」；開一個無聊透頂的會議時，不但坐立難安，而且短短一個小時的會議，卻「感到」兩、三個小時都過了，怎麼還沒完沒了？

我們的研究群針對時間知覺的相對性，進行一系列實驗。其中一個研究由中央大學的吳嫻副教授領軍，完成時距感知和複製的兩個實驗，結果不但證實了人類對時間知覺的相對性，而且發現只要心中有「數」，數字的大小就會自動介入時間知覺的記憶歷程，顯示在認知系統的演化過程上，量和時有共生的源頭，且代表量的數字也和時間的向度水乳交融，都是一家人。

這個研究結果很有趣，對人類認知系統如何組合不同物理向度，意義深遠。論文寫好後，很快被國際心理科學學會的旗艦期刊接受，而且獲選為重要發現，主動發佈新聞稿。這個殊榮來自實驗心理學門最重要的專家團隊的肯定，實在令人感到驕傲。

到底是什麼樣的實驗步驟和結果，引起這些一流科學家的重視和注目呢？讓我們來看看這兩個實驗的操作情形及其結果吧！

首先，我們請受試者坐在電腦螢幕前，螢幕上會呈現一個又一個畫面，如實驗一（一九二頁圖）所示。第一個畫面是個「＋」，表示要開始一串新的系列畫面了。隔了八百毫秒之後，會有一個數字出現，可能是「1」或「2」（屬於較小的數字），也可能是「8」或「9」（屬於大的數字）。這個數字呈現的時間不一定，可能是三百、四百五十、六百或七百五十毫秒任一種，做為受試

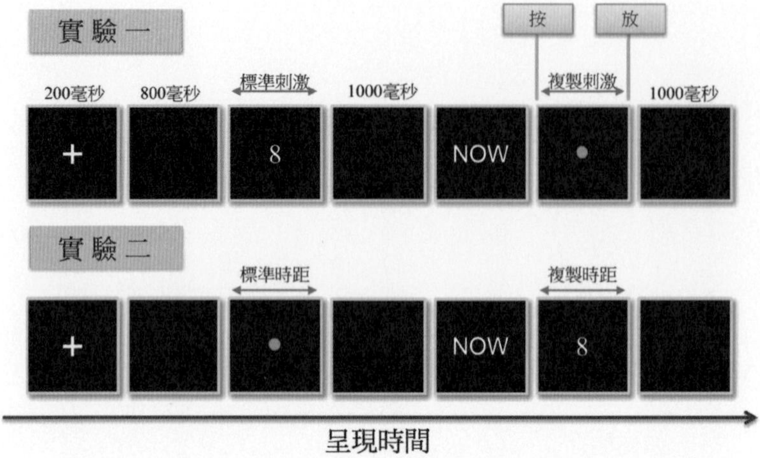

只要心中有「數」，數字的大小就會自動介入時間知覺的記憶歷程，顯示出在認知系統的演化過程上，量和時有共生的源頭，且代表量的數字也和時間的向度水乳交融，都是一家人。圖片來源：曾志朗

者在隨後的作業中要去複製的時間長度。

這個作業出現在一千毫秒之後，螢幕上會出現一個英文字「NOW」。受試者一看到這個字，就必須開始反應，以手指頭去按鍵盤中的數字鍵「0」，螢幕上就會出現一個綠色光點；當受試者感到自己已經完成複製標準刺激的時間長度後就可以放開，綠色光點也會跟著消失。這就構成一次時間間距感知和時間間距複製的「嘗試系列」（trial）了。

例如，在「＋」之後，出現「8」，

呈現四百五十毫秒，當螢幕閃現「NOW」時，受試者就必須趕緊用手指按住「0」，此時螢幕上會出現綠色光點，一直等到受試者「感到」已經按了四百五十毫秒，就可以放開按鍵，綠色光點也會隨之消失。

每個受試者要做三百二十次嘗試，包含每一種實驗情境（四個大小數字、四種標準時間長度）都要經過二十次。當然，受試者所複製的時間長度都由電腦自動登錄，成為基本的數據。

經過統計分析，數據顯示受試者是有能力分辨標準刺激呈現的時間長度，因為他們複製時間的長短和標準刺激呈現的時間成正比；有趣的是，他們的複製時間也受到數字大小的影響。當數字呈現的時間一樣時，數字大（8或9）的複製時間總是大於數字小（1或2）的複製時間。這個結果指出，在實驗的操作中，毫不相關的數字，只要呈現在螢幕上，其大小就會影響受試者對時間間距的感知和複製。也就是說，受試者無法選擇性的忽略這個不相干的數字，而是主動把它融入對時間間距感知的整個歷程中！

也許有其他研究者會立刻反駁，認為這結果並不稀奇，因為受試者可能在做按鍵和數量的直接對應，數字大的就按久一點，小的就按短一點，那是獨立於時間知覺之外的運作。為了排除此一現象，我們又設計了第二個實驗，程序和受試者要做的作業幾乎與實驗一完全相同，但稍做變化，如實驗二的一串畫面所示。標準刺激不再是數字，而是綠色光點；接著，在「NOW」出現之後，受試者一按「0」鍵，螢幕上會出現一個數字，可能是「1」或「2」（小的數字），也可能是「8」或「9」（大的數字）。受試者在完成時間複製之後，立即把手指抽離「0」鍵，螢幕上的數字也消失了。

結果呢？假如數據分析所得的反應型態和實驗一是一致的，就符合「按鍵—數字直接對應」的看法，那麼我們所提出的數字與時間知覺的融合說就無法成立了。但所幸，實驗二的結果和實驗一的結果不但不一樣，而且恰恰反過來：數字大的，複製時間變短了，而數字小的，複製時間變長了。最佳的解釋是受試者一按「0」鍵，看到數字，它的大小直接干擾了受試者對綠色光點所呈現時間長短的複製反應，使他對數字大小所造成的錯覺去做「補償」，數字大的，他盡量縮短，而數字小的，也反過來拉長了。實驗一和實驗二在呈現數字的操作上稍做改變，卻得到完全相反的結果，若有批評者，面對這樣的數據也只能啞口無言了。

對時間、空間的知覺和記憶複製，是人類和所有動物最重要的生存要件。從精緻設計的實驗，慢慢去釐清它們的特性，絕對是科學上的一件大事。

據說，一九〇五年五月，年輕的愛因斯坦在瑞士伯恩的專利局（現在已成為他的紀念館）工作時，很興奮的對他的朋友貝索（Michele Besso）說，他可能已經解決了物理研究的一個大問題，解決之道就在於「分析時間的概念」。他提出新的時空理論，認為「我們無法從絕對的角度去定義時間，時間和信號速度之間也有分不開的關係」。這狹義相對論使他成為上一個世紀最偉大的科學家。

一百年後，在台灣，我們也在設法分析人類對時間感知和複製的特性。這一百年是快如飛梭，還是慢如流水呢？視心境是否愉悅，看個人對這一百年來的人類成就是否滿意，答案應該會不同吧！

Part 5

開心思之竅

破解謎中謎：心／腦科學不思議

知足常樂一念間

人不太能多方考量相關事件的多重可能性，總是很自然的不停的在比對某一事件的現在和過去，這反映了人腦的一個特性：腦是個對變化很敏感的偵測器。

幾年前，我到美加開會，途經紐約百老匯。來到音樂劇聖地，那能錯過？下塌的旅館轉角處，剛好有家劇院，大大的看板上，一個身穿白紗禮服的女孩笑得很燦爛，驚呼「媽媽咪呀」（MAMMA MIA!），看來頗為有趣，當下就掏出口袋裡的錢買票進場，看了一場充滿歡樂活力的音樂劇。這齣戲巡迴全世界，引起很大轟動，今年八月底也巡迴到了台灣，我的學生熱切討論，開演前的幾個月就買好票，上演前幾天聽到他們興奮討論，但其中一個學生卻愁眉不展，細問之下，原來他的票掉了。

看他一臉鬱悶，我說：「來來來，我問你們一個問題，希望你們仔細想想，然後告訴我答案。」

你口袋裡有兩張千元鈔票。

A：你正要趕到劇院，去看一場期待已久的表演，票價剛好是一千元。到了劇院門口，你伸手一探，發現口袋裡只剩下一張千元鈔票，另外一千元不知道掉到那裡了！懊惱之餘，你會用剩下的一千元買票嗎？

B：你很想去看一場期待已久的表演，票價剛好是一千元，因為怕買不到票，所以你一早就先跑去買票，隨手和另一張千元鈔票一齊放在口袋裡。表演快開始了，趕到戲院門口，你伸手一掏，發現口袋只剩下一張千元大鈔，票不知道掉到那裡了！懊惱之餘，你會用這剩下的一千元再買一張票嗎？

我沒有做統計，因為看他們的表情就知道，和大多數的人一樣，在A的情況下，雖然心疼，還是會傾向拿出剩下的一千元，買票去看表演，心裡的不舒服很快就過去了；但在B的情況下，很多人選擇不看了，因為他們不願意「再」花一千元去買一張票。進一步問他們不願意再花錢買票的原因，大多數人會告訴你，票好像變貴了，要花一倍的錢買同樣的票，他才不幹呢！

但這不是很怪嗎？從經濟的實質面而言，在A情況下，不也是要用加倍的錢買同樣一張票嗎？最終結果都是要花兩千元去看一場表演，而且到了戲院門口時，口袋裡都只剩下一千元，那為什麼在B的情況之下，這一千元就變得十分沉重，掏不出來呢？

如果我們再把A、B兩個情境仔細比對，則造成兩者心理負擔有所差異的原因似乎就呼之欲出了，答案應該是對剩下的這一千元的主觀價值，在A、B兩種情境下發生了變異。在A情境下，剩下的這一千元的主觀價值還是一千元，和掉了的那一千元沒有不同，就是一般的一千元；但在B情境下，剩下的這一千元的主觀價值變了，如果把這一千元拿去做別的事，它還是平常的一千元，但拿去「再」買一張票，則主觀價值就把丟掉的那一張票的票值也一併計算在內了，因為此時價值比對的主體是「票」，而不是一般的一千元。

讓我再來說明另一個實驗的安排與其結果，就會更清楚看到主觀比對的對象發生變化，個人的喜好傾向也會跟著改變！這個實驗是哈佛大學一群社會神經科學家合作研究的一個項目，研究者讓一群大學生受試者坐在一個放有很多食物的房間裡，請他們看看這些食物，並寫下對這些食物的喜愛程度；寫完之後，就實際去品嚐這些食物，再憑真實口感寫下喜愛的程度。

實驗者又做了一些額外的佈置，改變了實驗室的情境。在第一種情境裡，受試者房間的食物和之前一樣，但在隔著玻璃的隔壁房間裡擺了一些看起來很好吃的巧克力，受試者看得到卻吃不到；在第二種情境裡，隔著玻璃所看到的食物卻都是一些很粗糙的罐頭食物。受試者仍然只對自己房間裡拿得到、吃得到的食物先做預期的喜愛評估，再做吃下去之後的口感喜愛度評量。

結果真的很有趣，當隔壁房間出現的是包裝精美的巧克力糖，受試者對自己房間裡的食物的喜愛度預估值明顯降低；但隔壁房間出現的是粗糙的罐頭食物時，受試者對當前食物的喜愛預估都明顯提高了。也就是說，主觀比對的對象變了，個人對當前事物的價值判斷也跟著改變。這實驗還有一個更重要的結果，即雖然個人的主觀預估會受到隱含性比對對象的影響，但實際入口後的口感卻一點也沒有變化，換句話說，影響預估行為的那些想像的比對對象，已經被現實的對象所取代了，受試者這一口咬下去，食物的口感的比對對象不再是對巧克力的美好想像，也不是那些粗糙的罐頭食物的不良印象，而是自己對當前食物的以往記憶的比較。比對的對象（不管是真實還是虛擬）變了，喜好也為之改變！

這一種因為比對對象的轉變而引起的情緒反應，在日常生活中經常可見，讓我們產生許多很不合理的行為。例如，一個人走過一家百貨店，看到大減價，一張CD由三百元降為二百五十元……，就會有駐足、觀看、購買的衝動，覺得自己省下了五十元，但如果他很理性的多跑幾家，則會發現和別家比起來並不見得便宜。所以，古人才會有貨比三家的智慧良言，經濟學家也會強調，合理的價值應產生在對「其他」可能性的通盤比較，但大部份的消費者就是很難做到要有全盤考慮其他可能性的理性思維。

也許礙於記憶容量的不足，或安於習慣的行為模式，大部份的人沒能（或不顧）比對其他的可能性，總是把比對的對象拉回自己所熟悉的記憶事件中，所以看到大減價，當然覺得三百元降到二百五十元，「我」賺了五十元呢！更糟糕的是，聽說東區在減價，就可以從西區開車飛奔過去，買了要買的東西，省下五十元，心裡好開心，但忘了來回開車的油錢可不只一百元。如果你提醒他們這一點矛盾，多數人倒是一點也不介意，反而會告訴你，買CD和開車是兩回事，不能混為一談，而且我本來就要開車的嘛！其實由東區到西區，好遠的路，平常他是不會來回開著玩的，如今為了使矛盾的行為合理化，就胡亂掰起來了。

很顯然的，人不太能多方去考量相關事件的多重可能性，他們倒是很自然的不停的在比對某一事件的現在和過去，這其實是反映了人腦的一個特性：腦是個對變化很敏感的偵測器，對特定事件的變動感應很快，重視的是現在和過去的比對，所以對不變的事件很快就沒有感覺了。我們的視神經如果一直反應同一靜止物件，很快的就對那物件視而不見，只有眨一下眼睛，才會再看見。嗅覺也是一樣，入芝蘭之室，久而不聞其香，入鮑魚之肆，久而不聞其臭。聽覺呢？對重複的音節（如dress, dress, dress....）一下子就失去意義，然後自己會聽到各種變化，不再是dress, dress, dress了，而是……（賣個關子，自己做個實驗去聽聽看吧！）

因為腦這種不停在尋找對比的特性，比對的對象就影響了我們喜怒哀樂的情緒，這時候，預期值和現實的差距會決定一個人是否快樂和滿足。很多拚命工作的助理教授，一心追求升副教授、正教授的那一天趕快到來，因為預估的價值很高，總覺得升等之後一定快樂得不得了！但問問正教授，他們現在快樂嗎？滿足嗎？大部份人的答案是：「沒有什麼！」

很多人不能理解，為什麼在聯合國的調查報告中，不丹的國民對生活的滿意度評價最高，而生活在已發展國家的人民，走在科技尖端，物質的享受一流，對生活的滿意度卻很低？其實答案就在預期值和可能達到那預期值的機率之間的相互關係。十七世紀法國大數學家費馬（Pierre de Fermat）和帕斯卡（Blaise Pascal）就為快樂定出一個數學公式：行動的價值可以用你得到想得到的那件事的機率，和你得到之後會喜歡它的機率之間的函數關係來表達。說得白一點，就是比對對象的預估值和得到這些對象的機率之間的關係。再說得更白一點，就是古人的一句話：知足常樂！

買或不買，那就是腦的問題所在！

fMRI的測量，把人的「需求」和「慾望」區分開，又把「所得」和「失落」表現在腦的不同部位上，這使得我們對心智的描繪，由外圍走向內軸，一層又一層體會演化的進展方向。

我的生活一向簡單，每天上下班，公務繁忙佔據了我大多數時間，一有空就回到實驗室，和同事及研究生談他們正在進行的研究工作。每週兩晚盡量挪出時間去打一、兩個小時的羽球；偶爾進戲院看場電影就算很奢侈了。閒逛購物中心是從來沒有的事，超級市場也很難看到我的身影，最多在出國時鑽進傳統市場，感受一下當地的文化民情。叫不出名牌，也不懂時尚，我徹徹底底是位購物慾很低的科學研究者！也因此，我常不能理解百貨公司裡為什麼會有那麼多人？尤其到了週年慶或換季拍賣，那些瘋狂的買家在一陣摩肩擦踵後勝出，右手抱著一大包、左手還拎著幾小包的戰利品，然後大嘆房子太小了，無立錐之地，事後又後悔為家裡囤積了一大堆用不上的各種物品。真是所為何來？

經濟學家很早就注意到消費者的非理性行為，心理學研究也從行為的實驗結果中看到了理性的決策和非理性決策的區別，而後者才是主導人們生活的隱含性機制。諾貝爾經濟學獎得主卡尼曼（Daniel Kahneman）很早以前就觀察到人們在資訊不足的情況下所做的決策，很少是經由理性的算則而定；相反的，絕大多數決定來自於所謂「啟發性」（heuristics）的直覺反應。

例如，賭銅幣上拋落下會是哪一面朝上時，如果出現的次序是H、T、H、H、H、H……，或H、T、H、H、T、H……兩種情況，人們會直覺的以為後者是比較隨機的一串，而不會去賭下一次出現的一定是T；但很多人看到了前一串排列，就很有信心的以為下一個出現的非T不可。殊不知銅幣每一次落下，出現T和H的機率是均等的，都是百分之五十比百分之五十。但多少傾家蕩產的賭徒不是經常犯這個毛病？難道他們真的以為那個銅幣是有記憶的，會記住它之前的行為？卡尼曼認為類似這樣非理性的決策機制，主導了人們的日常生活，所以才會顛覆傳統的經濟學理論。

近年來，由於高科技儀器的發展與應用，認知心理學家結合了經濟學者和神經科學家，以功能性磁共振造影（fMRI）技術去探討消費者在看到各種商品時，喜不喜歡、要不要買、要殺價到何種程度、買到以後開不開心等這些瞬間，他們腦部的反應為何？研究者設計控制適切的實驗，然後測量受試者在消費行為的各個不同決策過程中，腦的各部位因事件處理而導致血氧濃度（blood oxygen level dependent）產生變化的情形。從不同部位的腦神經活化程度，就可以推測出消費者在做不同的消費決策時，會動用到哪些認知功能！

美國史丹佛大學的一群跨領域研究者據此設計了一系列的實驗。其中有一個實驗是讓受試者躺在fMRI儀器室裡的長形小床上，頭架在掃描器的圓洞裡，眼睛張開看著前方一個小螢幕，等受試者安頓好，情緒也都平穩之後，螢幕上首先會呈現一個又一個受試者可以購買的商品，如DVD、書、遊戲光碟、手機、一些小小的電子配件等等。待受試者看過一遍之後，螢幕上會再次出現商品，同時也標示出價格，受試者就要決定買或不買。在這些實驗的過程中，腦的掃描器一直在收取訊號，而且可以區分出三個不同階段的訊號，包括商品呈現、價格標示，以及決定要不要買。

研究者利用測量血氧濃度反映在腦各部位活化的程度，經過電腦計算統計後，很快就可以在腦圖中顯出活化的影像，結果顯示出當受試者喜歡、想要購買某件商品時，腦的依核（nucleus accumbens）部位的血氧濃度增加，這個地方和多巴胺的接受有關，反映的是受試者的慾望。等到價格一出現，血流活躍的地方轉到內側前額葉皮質（medial prefrontal cortex），這裡是人們做價值判斷、設定目標及啟動執行的功能區。有趣的是，如果受試者想要一件商品，但因價格太貴而決定不買了，腦島（insula）部位就忽然活躍起來了，這區域一向反映的是負面的情緒，也就是說受試者想買卻買不起，就出現失落的情懷了！

進一步的實驗可以更複雜一些，除了商品呈現及價格標示，在決定買或不買之際，也可以安排讓受試者「討價還價」後再做決定。結果更有趣了，當受試者殺價成功的瞬間，依核部位的活動量大為增加，快樂的情緒也會使他們在別的不相干作業上成績更為提升。這個結果和先前加州理工學院所做的一個研究有異曲同工之處。學生們在 fMR I 的實驗中去品嚐加州出產的紅酒，一瓶的價格標示五美元，另一瓶的標示為四十五美元。但其實兩瓶紅酒完全一樣。實驗結果顯示，當受試者自以為喝到了比較貴的酒時，他們感覺快樂多了，也反映在腦神經的反應上，因為另外一區掌管快樂情緒的大腦皮層額葉中區（medial

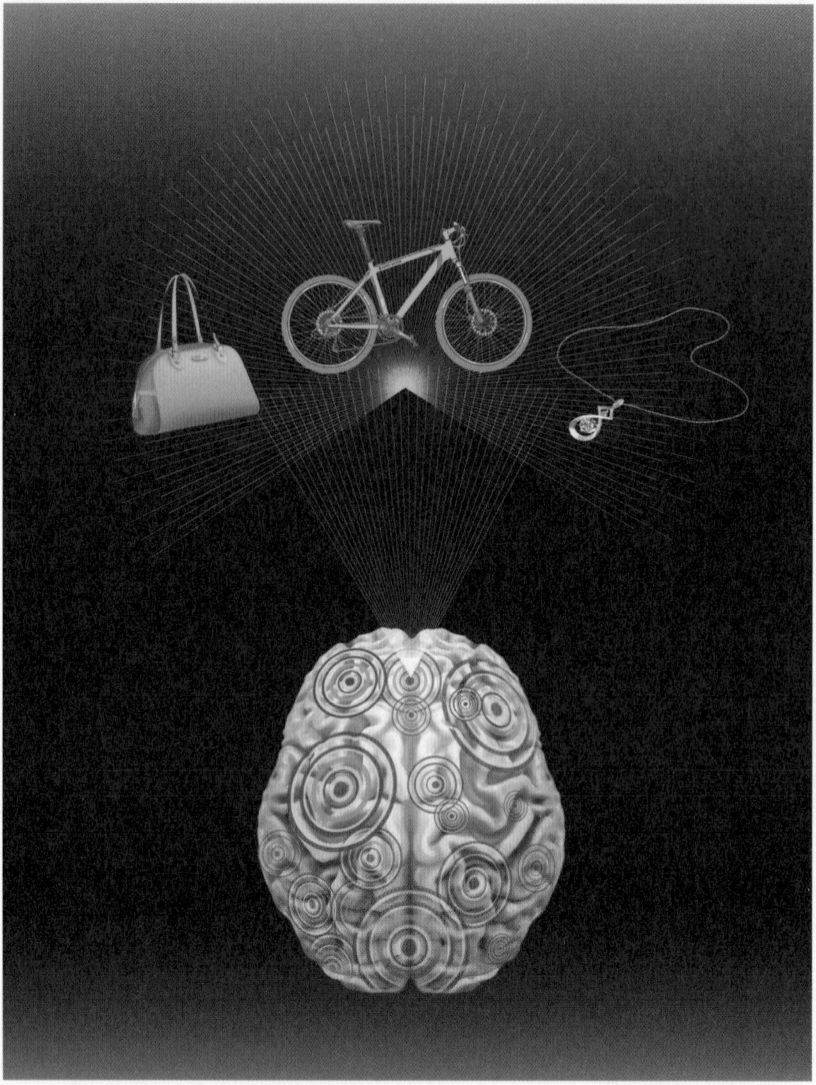

認知心理學家結合了經濟學者和神經科學家，以功能性磁共振造影技術去探討消費者在看到各種商品時，喜不喜歡、要不要買、要殺價到何種程度、買到以後開不開心等這些瞬間，他們腦部的反應為何？圖片來源：姚裕評

orbitofrontal cortex）部位也顯示出血流量大為增加！

這些探討消費者行為與大腦關係的實驗，雖然都還在起步的階段，但是利用fMRI的測量，能把人的「需求」和「慾望」區分開，又把「所得」和「失落」表現在腦的不同部位上，絕對是項很重要的成就。這使得我們對心智的描繪由外圍走向內軸，一層又一層的讓我們體會演化的進展方向，我們其實已經漸漸走進馬斯洛（Maslow）的動機金字塔，從最底層的基本需求到最高層的自我實現境界，慢慢都可以揭開內在的神秘面紗了！

看情形，我必須常常去櫥窗血拼（window shopping）了，因為在那裡我才能捕捉人性的本質，回到實驗室看腦的時候，也有更多生命的感受。同時，對我的老朋友買了一堆新穎的電子產品卻不會使用，將更能體諒，尤其下次看到我的球友殺價成功時的興奮，也會對他說：「我懂了！」

陌生的一、二、三、四、五……

人類天賦有「數」的心理量表，重要的是那個量表不是線性的確切數值，而是對數形式的比例關係。

史坦・狄昂（Stanislas Dehaene）是法國法蘭西學院一位相當年輕但成就已非凡的研究明星。一九八五年，我第一次看到他時，他還是個研究生，和我一齊在巴黎近郊一座非常古老的皇陵莊園，參加一個學術研討會。那是一個不對外開放的小型研討會，邀請三十位左右當時在認知神經科學領域的先驅研究者聚在一齊，檢視這個新興領域的進展，並規劃下五年的重點推動方向。我負責的研究領域是語言與腦神經功能的對應關係，而大會請來幫我整理資料、綜合討論意見，並提出未來前瞻觀點的助手，就是這一位博士學位都還沒有拿到的年輕小夥子。他英文非常流利，一臉聰明相，說起學問，知識豐富、見解深刻，而談起實驗，則是熱情洋溢、感染力很強。那時，我們白天全神貫注在會議中，會後在園中游晃，在千年古教堂的地下墓道中探險，談天論地，說文明，想文化，我對這位巴黎的小學者欣賞得不得了。

大會主席梅勒（Jacques Mehler）把他這個得意門生介紹給我的時候，開玩笑的說：「他像是一顆正在上升的小星星。」我和狄昂幾天的相處後，完全同意梅勒的看法。在大會結束前的檢討會上，我發言感謝狄昂的幫助，並預言不久的將來，他會是一顆閃亮的明星。我的預言真的很準，狄昂在一九八九年拿到博士，而且在博士前、博士後做出好多精采的實驗，揭發了許多腦中的奧秘，尤其發現並證實腦裡頂葉內側溝（intraparietal sulcus）的數字認知功能，對人類在演化歷史的理解上，做出非常重要的貢獻。二〇〇五年他被選上法國科學院的院士，我寫了封 e-mail 給他，向他道賀：「日正當中，照亮你我大腦的每一條神經，反映了人類計算的文明。」

為什麼狄昂會對腦如何處理數字的問題那麼有興趣？這還是要追溯到我們初次見面的那個會議上。我當時在整理文字閱讀在腦中運作機制的研究，得到的結果是不同的文字系統並不會影響閱讀的腦神經迴路，所以提出了“One brain for all language”（所有不同的語文系統都來自同樣一個腦）的普遍性原則。根據這個原則，我們可以推斷，不管是什麼語言與文字系統，如果有因腦不正常發展而導致先天性失讀症，其在人口所佔的比例應該都是一樣的（我的說法後來也被證實是對的，這個比例大多在百分之五到七左右）。狄昂剛好有一位從小一起長大的朋友，說話流利，人也聰明，也能讀書，但是對簡單數字的計算就一籌莫展，狄昂馬上想到，他這位朋友會不會也和失讀症一樣都是腦中某一特定病變所引起的，只是受傷的部位和腦裡負責文字的神經迴路不一樣，而是在另一個特定地點？他決心把這個部位找出來！

在神經醫學的文獻裡，確實有一種病症就叫做「誤算症」（dyscalculics），但以前的研究者只把它當作一個特例而不重視。如果狄昂的想法是正確的，則因腦中病變所產生的誤算症，在各國人口的比例中應該也會是一致的。狄昂以一套設計好的「認數及簡單運算」測驗，大規模的去篩選有「算術障礙」（mathematical disorder）的小學生，發現各國的比例都差不多在百分之五左右，而且是不分文明較先進或落後的國家。換句話說，不管教育的設施與環境是好是壞，總有百分之五的學生看到1、2、3、4、5……或一、二、三、四、五……（在台灣，或中國，或日本）感到陌生，而且教也教不會！

真的有這種人嗎？如果他們先天上對數字的感知就有缺陷，那要如何生活在現代的工商業文明裡？這就牽涉到一個核心的問題了：他們如何辨識數量的大小呢？我們如果讓患有誤算症的人看兩棵芒果樹，一棵的芒果長得多，一棵少一點，他們當然知道那一棵多，那一棵少。但是要他們用語言表達出不同程度的

五個月大的嬰兒即可分辨一、二、三個不同數量的具體物件，顯示數量的概念是生下來就有的能力。但因腦中病變所產生的誤算症（dyscalculics），使得不分文明先進或落後的國家，不管教育設施與環境是好是壞的社會，總有百分之五的學生看到1、2、3、4、5……或一、二、三、四、五……，就感到陌生，而且教也教不會！
圖片來源：達志影像

數量，他們就支支吾吾，不知如何作答。也就是說，他們腦海裡也許有數量多寡的排列表徵，但沒有能力對應到語言的特定符號上。那麼，數的感知應該是天生的，而正確去對應符號才是要後天學習的。但如何去證實這兩個歷程是互相獨立，分別由兩個不同的腦神經區來負責的？

在一九九〇年代初期，發展心理學的研究者開始把研究的對象由幼兒往下拉到嬰兒期，他們利用嬰兒的眼光對新奇事物會凝視較長的測量技術，去研究新生嬰兒的認知能力，其中有許多令人驚奇的發現，例如五個月大的嬰兒就有能力分辨一、二、三個不同數量的具體物件，證據來自美國耶魯大學心理系溫恩（Karen Wynn）教授一系列非常有趣的實驗。研究人員讓嬰兒看著正前方的一塊木板，然後有一個或二個或三個洋娃娃由木板的這一側進入木板的後方，又從另一側出現。結果發現，在一、二、三個範圍內進去的洋娃娃數和出來的洋娃娃數如果不一致，嬰兒的眼光就會注視著出口很久。進去多，出來少，會凝視很久；進去少，出來多，也會凝視很久，表示他們是可以分辨一、二、三的數量。但超過四到五，他們就無能為力了。這個結果也表示數量的概念是不必後天再去教的，而是生下來就有的。

在英國的另一組研究員，也用另一種方法來證實「簡單的數的概念」是不受後天學習因素影響的。他們到澳洲去測試兩個不同原住民族群裡四到七歲的小孩。這兩個原住民族語言中所使用的數量相關詞彙非常少，如果後天的語言學習會影響對數字的認知，那麼這兩個族群的小孩和澳洲墨爾本的小孩（當作控制組）比起來，在數數的作業上就應該有差別。但結果顯示，實驗組和控制組的小孩在數量認知和運算上並沒有差別，支持了數感天賦論的看法。

這個實驗結果並不是很令人滿意，因為研究者以「作業成績沒有差別」去支持「沒有後天環境影響」的理論，只是根基在支持一個統計上的虛無假設（null hypothesis），但它的構思和方法卻觸發了狄昂和研究夥伴的靈感。他們選擇了南美洲亞馬遜河旁的原住民做為實驗對象，因為在這一群以打獵為生的孟杜魯古（Mundurucú）原住民的語言裡，只有從一到五的數量語詞。根據數感天賦的理論，這些人在數數的作業上，應該和澳洲那兩個原住民族群的小孩一樣，都不會受到後天語言學習的影響。狄昂的研究發現，這一族群的小孩在五的數量下做加和減的運算，並不輸給城市裡控制組的小孩。這當然更強化了「虛無假設」的推論，也好像再次找到支持數感天賦論的證據。

但狄昂和他的同事對這個「支持虛無假設」的結果仍然不滿意，他們就設計了另一個實驗，讓這群原住民小孩看一張圖。圖中有一條橫線，橫線上的最左邊是一個黑點，最右邊是十個排成直線的黑點，中間則平均間隔排列著由左到右、從兩點到九點。然後給小孩不同數量的珠子，要他們分別擺在另一張白紙的橫線上。很有趣的事情發生了：城市裡的小孩如果拿到五個珠子，就很自然的擺在橫線的中間，但原住民的小孩卻不會這樣做，而是擺到接近最右邊的地方。研究者終於找到作業上的顯著差異，不再支持虛無假設了！

如果仔細去觀察這些原住民小孩如何分配由一到十個珠子的相對位置，則可以得出一個很有趣的結論，他們認知上以為五是一的五倍，而十是五的兩倍，因此五和一的距離很遠，而五和十的距離很近。他們心中確實有數的心理量表，重要的是那個量表不是線性的確切數值，而是對數形式的比例關係。這個實驗結果一方面證實了數感的天賦論，另一方面也證實了語言確實也會改變數值之間的對應關係，真是個令人激賞的研究，因為它讓科學的知識更往上進入另一個境界。

看了上述的研究結果，另一個推論也自然而生了，即不同部位的腦傷會造成兩種不同的誤算症，一種是對數量完全陌生，另一種是對數量的變化似曾相識，但當患者要用語言去表達時，卻總是對應不起來。近年來，神經醫學果然證實了這兩個次類型誤算症的存在！

也許你該做一個簡單的實驗，問一位講英文的外國人：「現在是February，距離你的生日有多久？」也用同樣的問題問一位講中文的人：「現在是二月，距離你的生日有多久？」記錄他們回答所花的時間。假如這兩位的生日都在同一個月，則中文回答的速度一定快過用英文回答的人！為什麼？你想想看！

人鼠之間

科學家抽絲剝繭，找尋人類語言演化的起點，過程精彩曲折。其實，大部份重要的科學發現，都有如偵探小說，好看得很！

走出電梯，一隻瘦小老鼠沿著牆角躡手躡腳快步行經我眼前，鄰居的門大開，一對小兄妹跟在媽媽背後尖聲助陣，我飛快讓開，老鼠這會兒已不見蹤影。「你也怕老鼠嗎？」老實說，我是怕的，而且我相信很多人也都跟我一樣患有懼鼠症。記得小時候在鄉下，只要有一隻老鼠出現，就全家出動，防堵的防堵，掏洞的掏洞，當然家裡也馬上變成捕鼠戶，捕鼠器在前，捕鼠籠在後，圍得水洩不通，有時更把隔壁人家的大貓借過來壓陣。總之就是非捉到它不可，否則大家寢食難安，每天都得擔心牠又在哪裡鼠頭鼠腦，到處糟蹋食物。唉呀！老鼠就是那麼令人討厭害怕！怪不得過街的老鼠人人喊打，鄉下和城市皆然。不過迪士尼的米老鼠倒是大人小孩的最愛，瞧，小兄妹身上穿的就是米老鼠T恤。

我故意問他們：「那你們怕不怕米老鼠？」他們齊聲回說：「才不會，米老鼠好可愛喔！」說完還好奇的盯我兩眼，好像我是哪來的怪物。我又問，「那你們也喜歡家裡的老鼠嗎？」他們叫了起來，「我們家不能有老鼠，爸爸媽媽現在就是在抓老鼠啊！」我假裝板起臉，正經的說：「你們不是說米老鼠很可愛嗎？家裡的老鼠不是『米奇』老鼠的親戚嗎？為什麼要捉起來，難道牠們就不可愛了嗎？」他們有點生氣的提醒我：「米老鼠會說話！」

我趕忙把兩兄妹攔住，說：「那可不一定，『料理鼠王』不會說人話，還是人見人愛啊！而且在『湯姆與傑利』（Tom and Jerry）卡通節目中，傑利老鼠從來不會說話，但牠戲弄湯姆貓的機智與幽默，不也很討人喜歡嗎？」兩兄妹想了一下，對看一眼，哥哥索性跑掉，不再理我，妹妹心軟，安慰我說：「那些都是卡通啦！」然後慢慢走開了。

這場對話很有趣，因為它讓我想起最近人類語言演化研究中最夯的一個話題。如果科學家把可能和人類語言演化有關的基因，轉殖到老鼠身上，那麼這些老鼠的發展，會有哪些「人性化」的表現？這不是異想天開的科幻小說情節，而是德國萊比錫的科學家剛剛完成的一系列實驗。結果雖然不是那麼令人驚心動魄，但這些「人化」（humanized）的幼鼠所產生的生理和行為變化，確實對人類語言演化學說的建立，有很多啟發性的引導作用。然而，這個與語言相關的基因是如何被發現的？

讓我們把場景拉到一九九〇年《自然》雜誌所報導的一個英國家族（稱為

ＫＥ）裡。從這個家族三代的醫療紀錄中，可以看出將近一半的家族成員都患有一些相同的行為缺失，最明顯的是說話非常不清楚，有的成員因為這種嚴重的語言障礙，甚至必須從小就學用手勢語來輔助他們與別人的溝通交流。他們的智商稍低，臉部的動作協調不良（尤其是口腔附近的肌肉骨骼滑動不順暢，造成發音不準確），而且句子的文法常常犯錯。這一點就讓有些較沉不住氣的語言學家誤以為找到了人類掌握語法的特定遺傳因素，再透過當時媒體的誇大喧嚷，語法基因的錯誤概念已經深入大眾（包括學者）的心裡了。這個迷思在一九九五年一篇研究報告中被矯正過來，因為仔細檢查這些行為缺失，語法有錯只是其中一小部份而已。

雖然給ＫＥ家族帶來遺傳缺陷的不是文法特定（grammar specific）基因，但因這個基因如果出現變化，所帶來的各種缺失都和語言的運作有關，所以在一九九八年的一項研究中，研究者比對ＫＥ家族裡有語言缺失和沒有語言缺失兩組成員的基因序列，發現出現變異的基因坐落在第七對染色體的7q31這一小段上，並將它命名為*SPCH1*基因。二○○一年，另一組研究者把焦點持續鎖定在7q31，更確定說話不清楚的成員在同一個基因上都有突變的現象；同時，他們在ＫＥ家族之外，也找到另一個英國男孩（稱為ＣＳ），ＣＳ男孩同樣在這個基因上有缺陷，而他的語言行為的缺失，也和ＫＥ家族成員相類似。至此，塵埃落定，科學家確定這個單一基因（稱之為*FOXP2*）就是引起語言缺失的元兇了！

這像不像是一個抽絲剝繭的偵探故事？其實，大部份精彩的科學發現，都有如偵探小說，好看得很呢！找到語言相關的基因*FOXP2*，科學家就可以進行前面提過的實驗了。德國萊比錫馬克士普朗克演化人類學研究所（Max Planck Institute for Evolutionary Anthropology）的艾納德（Wolfgang Enard）和他的同事，長期研究*FOXP2*的演化歷程，也發表過非常重要的相關研究，所以他們才有能力以最先進的基因轉殖技術，培育出擁有人類*FOXP2*的小老鼠。實驗一開始，他們其實也沒有預期會有哪些重大的發現，因為在老鼠身上轉殖這麼一個基因，其結果也許是根本不起作用。果然，這些「人化」的老鼠和一般正常的老鼠看來並沒有什麼兩樣：一樣可以交配生殖，也在相當的年紀老化死亡！

但是，研究者仍可從外在觀察到顯而易見的差異。一般的老鼠生下小老鼠後，如果離開初生幼鼠的視野，幼鼠會發出吱吱的哀鳴，但「人化」的幼鼠在母鼠離開時，叫的聲音變了，不再像一般幼鼠超音波似的尖叫聲，而轉為較低沉的聲音。這讓你聯想到什麼嗎？且慢，且慢！不要以為這是人類演化最原始的聲音，因為人類發音的方式和老鼠截然不同，是由鼻腔、口腔，加上喉腔的協調而發音，所以千萬不要跳躍太快，過度聯想了。

再來，仔細比較牠們腦的結構和功能，「人化」老鼠就展現出有趣的不同點了。最明顯的變化是基底核（basal ganglia）裡的神經細胞樹突較長，而激發時增強和減弱的調控比較有效，使得突觸形成更強的可塑性，也就是說，和一般老鼠比起來，「人化」老鼠的學習和記憶功能有顯著的進步。研究者猜想，*FOXP2*基因可能經由基底核的調控進而建構了整個說話的迴路，包括肺、喉頭、舌頭，和上下嘴唇的運動協調。這個想法很有趣，也讓我想起了，三十萬至五十萬年前，人類的喉頭往下掉，空出喉腔，才能使三腔合作，讓語音發生更多變異的演化事件，否則空有對學習更有效的基底核，在推進語言演化的作用上，也是無能為力的。

德國科學家成功把人類的*FOXP2*基因轉殖在老鼠身上，實驗的結果讓我們看到一些跡象，引導我們對人類語言演化的想像。遠古人類不但要演化出更好的學習與記憶能力，也必須發展出一個協調機制，有效整合和發音有關的不同身體部位的動作，這需要很精確的時間計算，來安排各部位啟動的先後次序。二十幾年前，我和王士元院士合寫了一篇論文，強調「腦的時間掌控」在語言運作的重要性，肯定它在語言演化上所扮演的最主要角色。德國實驗室培育的這些「人化」老鼠，在時間掌控能力上也確實比一般老鼠好得多，證實了我們二十多年前的推論。但我們更要說清楚的事實是，人類的語言不只是發出正確的音而已，最重要的是如何把抽象的意念轉化成要發出的一連串語音，那才是人之所以為人的關鍵所在。

沒有經歷過人類演化的各項生理與環境的互動，老鼠要走向「說人話」的可能性微乎其微。米老鼠會說人話？還早！還早！大概永遠不可能！

短期記憶的長期效應

找校友募款，就要在他上次捐款之後，常常提醒，讓他感到距離上次捐款已是很久以前的事了；如果之間不提醒，他就會以為，不是才捐過，怎麼又來了?!

一位博士班一年級的學生手捧著一本厚厚的看起來還很新的英文書，走進我的研究室，興奮的說：「老師，我在亞馬遜（Amazon.com）訂的書剛到，你的名字在裡面被提了好幾次，作者尤其對你發表在一九七三年的一篇研究論文，讚不絕口！」我好奇的把他手上的新書拿過來，原來是英國劍橋大學退休教授貝德理（Allan Baddeley）所寫的一本談人類記憶的書。這最新的版本把近半個世紀的人類記憶研究做了很完整的綜合論述，其中一章針對「工作記憶」的發現過程有很詳細的說明，他所引用的我那篇論文，指出當年學者把記憶分成短期記憶與長期記憶的迷思大錯特錯。我的實驗結果展示了所謂「短期」記憶的「長期」效應，證實記憶的歷程是單一的，實在不必要硬分成兩個部件結構，這篇論文改變了記憶理論的建構方向，數十年來一再被引用。

這位學生興奮之餘，問了一個有趣的問題：「老師，你當年怎麼想到要去做那個實驗呢？」我那年輕時代的記憶一下子就被引了出來。「為了挑戰教科書上的一張圖表！」我接著說：「因為當時解釋那張圖表的理論就是短、長期記憶的『部件結構論』，而那個解釋和我的生活經驗是不吻合的。」

我看他一臉興奮轉為不解，就從書架上找到一本最有名的心理學導論，翻到記憶那一章，找到那張展示序列位置記憶的圖表，對他說：「這張圖是一個記憶研究的結果，實驗先讓受試學生看完一個又一個不相關的詞，在看完第二十個詞後，馬上要受試學生寫出剛剛看過的那些詞，想到就寫，不要管出現的先後順序。結果呢？當然不可能二十個詞都記得住，有一部份忘了，但有趣的是，最後出現的詞記得最好（因為剛看過，仍很新鮮），然後是最先出現的詞次之，而中間出現的詞就記得很差了。這就是到現在為止每本教科書都會有的序列位置的記憶效應，因為這效應非常穩固，很容易就可以被重複。

「但這個呈現U字型的曲線，也很容易被改變；只要在出現第二十個詞之後，不讓受試學生馬上做回憶，而讓他們去做很簡單的數字加、減、乘、除作業，三十秒之後再讓他們去回憶那些詞。結果是最早出現的詞仍然記得不錯，中間的詞像前一個實驗一樣記得不好，而最令人吃驚的是最後出現的詞的記憶就很差很差，幾乎是全忘了，整個序列位置的曲線就變成L字型了。當年對這兩條不同曲線的解釋是最先出現和中間出現的詞都進了長期記憶，所以即使延宕之後再回憶，也不會有變化；但最後出現的詞，被放入短期記憶，所以一呼即出，如果回憶的時間延宕了，短期記憶就沒有東西，受試者當然也寫不出東西了！這就叫做『消失的時近效應』（absence of the recency effect）。」

我看這位學生一直點頭，表示他是懂的，就再進一步說明：「我當時還在唸博士，對這樣的解釋，也認為很有道理，但我總覺得這『消失的時近效應』和生活經驗實在有所矛盾！開車的人都有這樣的經驗，車子每天停在停車場不同的位置，但我們對最近一次停車位置的記憶是不會那麼差的，即使下班時距離停車時已經『延宕』一整天了。我當時就為這個矛盾煩惱了好一陣子。

「有一天半夜，我從實驗室走回宿舍，外面大風大雪，我撐著傘，一路背著風雪倒退行走，眼前但見來時路的腳印，在路燈下被雪覆蓋過去，我忽然想到，那『消失的時近效應』是否也只是被蓋過去，並沒有真正消失？我的問題是找出一個方法去挽救那些被隱藏起來的最後出現的詞的記憶！

「這個異想天開的念頭一動，我就整晚睡不著覺，好不容易等到天亮，回到實驗室，埋頭設計實驗，找來受試學生，重複教科書上所敘述的實驗，但轉了一個彎，也就是在延宕回憶的那一刻，我『提醒』受試者：要從最後出現的詞開始回憶起。實驗結果顯示，這個簡單的提示，居然把消失的U字型尾巴給恢復了一半。但即使只是恢復一半，已足以證實短期記憶在延宕一段時間後，就全被淨空的說法是不正確的！

「但單一的實驗證據是很薄弱的，不可能推翻一個已經根深柢固的理論。我要使實驗室的記憶實驗，更像是生活經驗的記憶作業。在實驗室裡，一個詞緊跟著一個詞出現，中間沒有其他事件，在生活中是不存在的。我們每次停車和上一次停車之間，一定有很多事情發生，所以要模擬生活的情境，必須在呈現一個詞之後，就讓受試者做一些數學作業，然後再呈現一個詞，再做數學作業，再一個詞，……，等到第二十個詞之後，再做三十秒的數學作業，最後做回憶

「有一天半夜，我從實驗室走回宿舍，外面大風大雪，我撐著傘，一路背著風雪倒退行走，眼前但見來時路的腳印，在路燈下被雪覆蓋過去，我忽然想到，那『消失的時近效應』是否也只是被蓋過去，並沒有真正消失？」圖片來源：達志影像

的工作。根據短期記憶的理論，受試者每看一個詞，就去做數學作業，短期記憶就被清掉了，所以在最後回憶作業時，應該是腦袋空空，什麼也不記得！

「實驗結果當然不是如此，受試者的記憶成績是差了一點，但回憶的序列位置曲線卻是一個完完整整的U型圖，這就是所謂延宕作業中短期記憶的長期效應，也就是說，這個曲線才是符合人類生活經驗的記憶曲線！」

我一口氣把幾十年前發生的事完整說了一遍，這位學生一臉嚴肅，好像有聞道得道的態勢，我乘機加持一把：「你再想想看，生活中有很多類似的例子，某一事件發生與後來回想起來時，若中間有很多很多相關事件產生，我們會感覺那事件發生在很久很久以前，但若中間發生很少很少的相關事件，我們回想時，就感覺好像是前不久才發生過的事。這些插入事件的多寡，會影響我們對同一事件的時間感哩！」

學生有聽懂哦！他緊接著說：「老師，那我們找校友募款，就要在他上次捐款之後，常常寫信提醒，他就會感到上次捐款是很久以前的事了；如果之間不提醒，他就會以為，不是才捐過，怎麼又來了！對不對？」真是孺子可教焉！

真情或假意？天不知，地不知，腦知！

男歡女愛的極致，是要和對方身心合一；兩情相悅的定義，就是能把對方的喜怒哀樂納入自己的腦海，產生感同身受的共鳴。

男歡女愛，是自然界的規律，是生物為了求得使構成「自己」的基本元素（所謂基因）能夠代代相傳所演化出的兩性共存策略。在這個策略下所衍生的男女互動行為，形成多采多姿的表現，有歌（誰唱得最動人心弦？）、有舞（誰跳得最美妙？）、有語（誰說得最能引起共鳴？）、有文（誰寫出了最令人琅琅上口的詩詞歌謠？）、有勇（誰強壯如山，能保家衛鄉？）、有智（誰最有學問，足智多謀解危機？）、有仁（誰心地最善良，會照顧別人？）；當然有一種表現也是很吸引異性的，叫有趣（誰最有幽默感，最富表情，最會逗人笑？）。這種種表現就是為了要完成一件事，即互為連理，以達傳宗接代的目的！

自遠古以來，自然界發展出許許多多不同的求偶方式，以保證兩性相吸、相惜、相親、相愛，得以共同撫育下一代。但隨著社會發展人口增加，組織架構越來越複雜，各種人為的干預，如身分、地位、貧富、貴賤，加上族群的恩怨和家族間的世仇，都會使自自然然的一見鍾情，無法得到終成眷屬的結局。歷史上多少男女雙方一往情深，卻因種種社會桎梏而不得正果，所釀成的悲劇遂成為美麗哀怨的傳說，為後人所感嘆。西方世界的羅密歐與茱麗葉，以及我們所熟悉的梁山伯與祝英台，不都是同樣的戲碼，套上不同的國情風貌而已！

愛情的遊戲，骨子裡都是性的追逐，但遊戲的載具隨著科技文明的進步，男女間的交往也湧現了許多新型的追求方式。最引人注目的當然是網路上的交往現象了。前幾年湯姆漢克（Tom Hanks）和梅格萊恩（Meg Ryan）這一對影壇佳偶繼《西雅圖夜未眠》的成功演出之後，又合演了一部網路愛情電影，以"*You've Got Mail*"（《電子情書》）博得了大多數男女影迷的歡心，大破歷年的票房紀錄，預告了e-courtship的世代已經來臨，就像e-learning、e-commerce、e-travel等等的e-platform早已無所不在了。

最近幾年，形勢又變了，部落格（Blog）、推特（Twitter）、噗浪（Plurk），還有臉書（Facebook）成為非常個人化的交際平台，現在流行的是「交往上網路，看人上臉書」的風尚了。很多年輕人上臉書去尋找他們的意中人，再透過「對話」平台，做較深入的試探，等相互了解到一個雙方都「自我感覺良好」的時候，就相約會面、出遊，……，然後以分手或婚紗結束！這交往之間，有一個和傳統交往不太一樣的地方，就是「我的選擇」，即我擁有「自主」的擇偶權是別人不能隨便干涉的！

臉書傳情，到底是好是壞？很難說得清楚。透過網路交往的情侶，結婚以後是佳偶對對，還是怨偶雙雙，也都還說不準，但網路愛情騙局層出不窮，也是事實。所以，想在網路上遊走順暢，有沒有可能靠著科學的研究，去排除障礙呢？最近有好多研究社會新趨勢的科學家，開始對網路上的愛情展開一系列的研究，想知道網路上結交異性朋友採取的是哪一種策略，是「你愛我有多深，我就回饋同等的愛意」，還是「你愛我多少無所謂，反正是虛擬世界的愛情，不論真情或假意，都照單全收了」？

這當然是個很有趣的問題，沒有見過對方的愛情如何產生？以簡訊所滋養的愛情，除了和不知名人士交往的神秘感之外，仍然會遵循著在真實世界中社會互動的原則嗎？例如，在一般的社會互動行為中，反饋平衡原則是很普遍的。也就是說，喜歡我的人，我也會喜歡他；對我不在意，那我也不必對他好到哪裡去；男女之間的情愛份量是相對的，你高我也高，你低我跟著低！那麼在網路上的虛擬愛情，也會如出一轍嗎？

美國維吉尼亞大學的一群社會科學家，就針對這樣的問題設計了一個實驗研究，來看看網路的愛情觀和一般實體社會的愛情觀是否會有不一樣的結果。研究者選取了四十七位在臉書上設有個人檔案的女生，等她們到達實驗室時，告訴她們說，有其他大學的男生瀏覽過她們的臉書檔案，並且依照喜愛程度給予評分，要她們也依感覺對這些男生做喜愛度的評量。

實驗分成三個不同的情境。第一種情境是受試者看到一位男生的相片，然後被告知這名男生對她的喜愛評分很高；第二種情境是評分只有平均喜愛的程度而已；第三種情境比較特殊，受試者被告知的訊息是這位男生的評分不很確定，因為紀錄不見了，好像很高，也可能只是平均而已。這些女生都經過兩次的情緒評量作業，在不同的時間點去反思自己的情緒變化是正面還是負面的。此外，在實驗結束時，她們又被要求去回憶前十五分鐘內，有多少次想到那些被評的男生。

實驗的結果很好玩，對前面兩種情境而言，虛擬世界的兩性互動型態和一般實境完全一致，即「你喜歡我多一點，我也就回給你一樣多的情意」，以及「你認為我"SO-SO"，我也把你看成不過如此」，確實支持了社會互動學裡的反饋平衡原則。但第三種情況的結果就更有趣了，因為喜愛程度的評分數據顯示，所有女生對不確定是否很喜歡她的男生都給了很高分的評價，並且也表示會常常想起他們。也就是說，不確定對方是否喜歡你，反而強化了對方的吸引力，這又符合博弈理論中「不確定狀態會變得更令人傾心專注」的說法了。

看來愛情遊戲中，若即若離的態度有時是有致命吸引力的。這也讓我想起了以前看過的一部電影或廣告，一位熱戀中的女生手裡拿著一朵多瓣的黃花，另一隻手撕下一片花瓣，口中喃喃自語：「他愛我！」又撕下一片花瓣，喃喃又語：「他不愛我！」又撕一片：「他愛我！」再一片：「他不愛我！」如此到最後一瓣，如果是「他愛我！」則笑容滿面，如果是「他不愛我！」則哭喪著臉，若有所失，好不悽然！既期待知道結果，又害怕得知結果，不確定狀確是太引人入勝了！

但男歡女愛的極致，是要和對方身心合一；兩情相悅的定義，其實就是能把對方的喜怒哀樂納入自己的腦海，產生感同身受的共鳴。我們實驗室的研究者利用鏡像神經元的機制，設計了同理心的實驗，展示了我們面對陌生人和親密的人時，腦裡的活動確實是大不相同的。當受試者看到有人拿鋸子鋸木棍，手握木棍的姿勢不對時（見二四七頁下圖），腦中的鏡像神經元會有活化的現象，好像自己即將被鋸到。利用這個現象，研究者做了第二個實驗，告訴受試者照片中那隻手是親密的人或是陌生人，從腦的顯影圖則可顯示出這個活化的程度

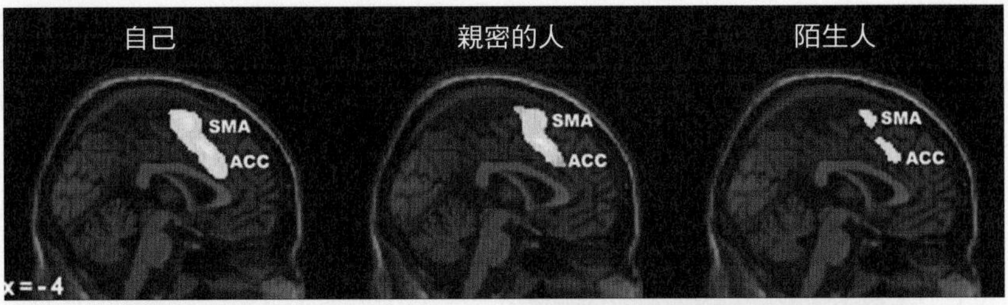

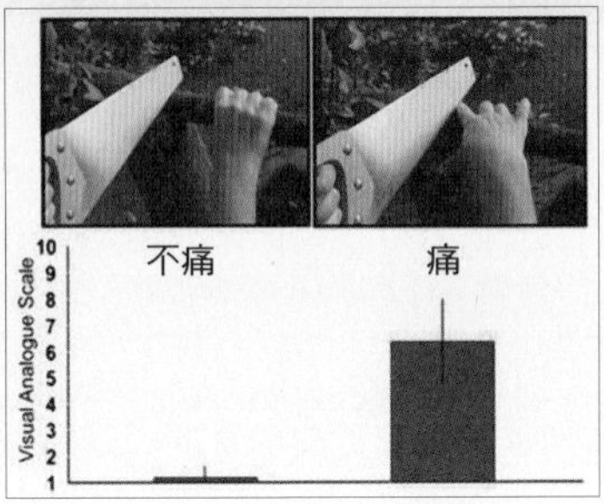

研究者利用鏡像神經元的機制，設計了同理心的實驗，當受試者看到有人拿鋸子鋸木棍，手握木棍的姿勢不對時，腦中的鏡像神經元會有活化的現象，好像自己即將被鋸到。但當受試者被告知那隻手是親密的人或是陌生人，從腦的顯影圖則可顯示出活化的程度真是親疏有別！圖片來源：曾志朗

真是親疏有別！有沒有真愛，盡在腦中，不是嗎？

想像未來的宅男宅女，關在斗室裡，對著兩、三個電腦螢幕，瀏覽臉書，在網路上談情說愛，頭上戴著腦波感應器，忽然間腦波波動加大，眼前的電腦螢幕也跳出一串文字，寫著「就是她（他）！就是她（他）！她（他）才是我的真命天女（子）！」趕緊送個訊息過去：「腦波代表我的心！知道我愛你有多深！我們見個面吧！」